人造板工艺学课程设计指导书

COURSE PROJECT OF WOOD-BASED PANEL PROCESSING

周晓燕　主　编
邓玉和　潘明珠　张颖璐　副主编
李凯夫　主　审

中 国 林 业 出 版 社
China Forestry Publishing House

图书在版编目（CIP）数据

人造板工艺学课程设计指导书 / 周晓燕主编. —北京：中国林业出版社，2017. 3（2025. 1 重印）
ISBN 978-7-5038-7893-0

Ⅰ. ①人…　Ⅱ. ①周…　Ⅲ. ①人造板生产—制板工艺—高等学校 – 教学参考资料　Ⅳ. ①TS653

中国版本图书馆 CIP 数据核字（2017）第 048312 号

责任编辑：王思源　杜　娟

出版：中国林业出版社（100009 北京西城区德内大街刘海胡同 7 号）
网站：http：//lycb. forestry. gov. cn
印刷：北京中科印刷有限公司
发行：中国林业出版社
电话：（010）8314 3573
版次：2017 年 3 月第 1 版
印次：2025 年 1 月第 2 次
开本：1/16
印张：7
字数：130 千字
定价：29. 00 元

前　言

"人造板工艺学课程设计"是"木材科学与工程专业"核心专业课程"人造板工艺学"重要的配套实践性环节课程。"人造板工艺学"是一门理论性和实践性并重的专业特色课程，仅仅学习课本知识是远远不够的，为此围绕本课程还独立开设了实验课、课程设计、生产实习以及创新实践训练等实践环节课程。本教材是该课程体系中《人造板工艺学》《胶合板制造学》《纤维板制造学》《刨花板制造学》《人造板工艺学实验》和《人造板工艺学生产实习指导书》系列教材中的一本。

全书共分五章，第一章概述；第二章胶合板生产工艺设计；第三章刨花板生产工艺设计；第四章中（高）密度纤维板生产工艺设计；第五章辅助工程设计。其中，第一、二章由周晓燕教授编写，第三章由潘明珠副教授编写，第四章由邓玉和教授编写，第五章由张颖璐博士编写。华南农业大学李凯夫教授担任主审，提出了许多宝贵意见和建议，在此表示衷心的感谢！

由于编著水平有限，恳请广大读者对书中错误和不妥之处批评指正！

编　者

2016 年 6 月

目 录

第1章 概 述

1.1 课程设计的目的

人造板工艺学课程设计是在学完《人造板工艺学》课程，并完成了生产实习之后进行的一个重要的实践性教学环节。要求学生综合运用所学的专业知识，进行人造板生产工艺的设计，通过课程设计，使学生掌握人造板生产工艺设计的基本程序和方法，学会原辅材料平衡计算、设备选型、平面布置和设计说明书编写的方法，加强学生对所学人造板制造理论和工艺知识的理解和应用，为今后从事人造板制造领域的工作打下基础。通过本次课程设计，使学生在以下几方面得到锻炼：

(1)熟练运用人造板工艺学课程中的基本理论，正确地规划不同种类人造板产品的生产工艺流程，适当地平衡生产线年产量与原辅材料消耗量，准确地选择合适的设备型号，合理地布置生产线。

(2)熟练运用相关手册、标准、图表等技术资料。

(3)规范撰写设计说明书和准确绘制车间平面布置图。

1.2 课程设计的内容及要求

本课程设计要求学生针对某种人造板产品(包括胶合板、刨花板和纤维板)，根据设计任务书规定的产品种类与规格、年总产量以及技术要求等，进行该产品生产工艺流程的拟定、原辅材料消耗量的计算、设备选型及生产能力的校验、车间工艺平面布置的设计以及设计说明书的编写。

学生应在教师指导下，自觉、认真、有计划地按时完成设计任务。学生必须以负责的态度认真地对待自己的技术决定、数据和计算结果。注意理论与实践相结合，以使整个设计在技术上具有先进性，在经济上具有合理性，在实际生产中具有可行性。

课程设计具体内容如下：

(1)确定检验生产能力：根据设计任务书中规定的年总产量，确定和检验热压机的生产能力。

(2)拟定生产工艺流程：根据设计任务书中规定的产品种类与规格，确定合理的生产工艺流程。

(3)计算原辅材料消耗量：计算生产所需原辅材料(包括木材、胶黏剂、添加剂等)的消耗量，以平衡产品产量与原材料的供应量。

(4)选定设备及校验生产能力：根据各道工序半成品的加工量选择合适的设备，确定设备的型号，并校验设备的生产能力。

(5)绘制车间工艺平面布置图：根据确定的生产工艺流程和选定的设备，进行生产线的布置设计，并绘制平面布置图。

(6)编写设计说明书：详细撰写生产工艺设计全过程。

学生必须完成下述具体任务后，才具备参加课程设计答辩的资格：

(1)设计说明书一份：内容应包括封面、设计任务书、生产能力校验、工艺流程、原料需要量计算、设备选型。

(2)车间平面布置图 A1 图纸一份。

1.3 课程设计的原则

(1)人造板生产工艺设计必须认真贯彻国家天然林保护政策，结合各种产品的生产特点，力求节约资源，保护环境，做到技术先进、经济合理、实际可行。

(2)设计的产品品种和规格必须符合设计任务书的要求，产品质量达到相关标准要求。

(3)采用先进的生产工艺和设备，积极采用新工艺和新设备。

(4)设备选型要考虑标准化、系列化和互换性，提高连续化和自动化水平。

(5)生产工艺流程必须在保证产品质量的前提下做到简化畅通，并满足优产、高产、低耗和清洁生产的要求。

(6)车间布置要根据工艺要求、场地条件，做到经济、合理、整齐、紧凑并适当照顾到美观，以利于生产操作，文明生产。要考虑设备潜在能力发挥的可能性，要考虑到施工、安装及维修必备的场地，并配备必要的生产与生活辅助用房。

(7)加强劳动保护，改善生产条件，积极治理“三废”。

1.4 课程设计的基本步骤

(1)分析设计任务书：明确产品类型、种类、规格、所用原材料、年产量、相关技术要求等；

(2)确定和校验生产能力：根据设计任务书的要求，首先初步确定生产线关键设备——热压机的型号，并进行生产能力的检验及调整热压机选型，直至能满足设计任务书的要求；

(3)拟定生产工艺流程：根据设计任务书规定的产品类型、种类和规格等，合理拟出生产工艺流程，并绘制生产工艺流程图(简图或框图)；

(4)计算原辅材料消耗量：根据确定的生产工艺流程，采用逆推法计算各道工序半成品的加工量，最终获得生产所需原辅材料(包括木材、胶黏剂、添加剂等)的消耗量；

(5)选定设备及校验生产能力：根据各道工序半成品的加工量选择合适的加工设备，确定设备的型号和台(套)数，并校验设备的生产能力。

(6)绘制车间工艺平面布置图：根据确定的生产工艺流程和选定的设备，进行生产线的布置设计，并绘制平面布置图。

(7)编写设计说明书：详细描述上述各步骤的设计全过程，具体内容包括封面、设计任务书、生产能力校验、工艺流程、原料需要量计算、设备选型等；

(8)参加课程设计答辩：采用答辩的形式，由指导教师对学生完成设计任务的情况进行考核。

第 2 章　胶合板生产工艺设计

2.1　概述

胶合板生产工艺设计是根据用户提供的设计任务书，运用所学胶合板制造工艺专业知识，完成设计任务书中的工艺设计内容。

2.1.1　设计任务书

设计任务书中主要内容包括：

(1)设计产品名称：胶合板；

(2)产品种类与规格：产品幅面尺寸、层数、所用胶黏剂种类、树种以及各种品种占总产量比例；

(3)年总产量：m^3/年；

(4)技术要求：各工序的控制、自动化程度、产品达到的要求；

(5)其他内容。

2.1.2　设计内容

(1)确定检验生产能力

根据设计任务书中规定的年总产量，确定和检验热压机的生产能力。

(2)拟定生产工艺流程

根据设计任务书中规定的产品种类与规格，确定合理的生产工艺流程。

(3)计算原辅材料消耗量

计算生产胶合板所用原辅材料(包括木材、胶黏剂、添加剂等)的消耗量，以平衡产品产量与原材料的供应量。

(4)选定设备及校验生产能力

根据各道工序半成品加工量选择合适的设备，确定设备的型号，并校验设备的生产能力。

(5)绘制车间工艺平面布置图

根据确定的生产工艺流程和选定的设备，绘制平面布置图。

(6)编写设计说明书

2.2　生产能力确定和检验

热压机是人造板生产线最关键的设备之一，对产品产量和质量起着决定性的作用。因此，通常根据热压机的生产能力来确定整条生产线的生产能力。目前，人造板生产中所用热压机主要包括周期式和连续式两大类。周期式热压机又分为单层压机和多层压机。胶合板生产多采用周期式多层压机；其生产能力 Q 可按下式计算：

$$Q = \frac{T \cdot N \cdot m \cdot \delta \cdot F \cdot K}{Z_1 + Z_2}$$

式中：T——每天工作时间(min/天)；

N——热压机层数(层)；

m——每层压板中压制的胶合板张数(张)；

δ——胶合板的成品厚度(m)；

F——成品胶合板的幅面(m^2)；

K——热压机的工作时间利用系数，取0.97~0.98；

Z_1——胶合板在压机中的保压时间(min)，按每毫米成品板厚度计，一般按1min/mm计算；

Z_2——辅助操作时间(min)，包括装卸板、压机闭合和升压所需时间，采用人工装卸板时，Z_2值需现场测定，而采用机械装卸板时则取 $Z_2 = 40$ s。

以上计算所得为热压机生产某一种规格产品时的日产量，若采用同一台热压机生产几种不同规格的产品时，其平均生产能力(即加权平均生产率)可按下式计算：

$$Q_{CP} = \frac{100}{a_1/Q_1 + a_2/Q_2 + \cdots + a_i/Q_i}$$

式中：Q_{CP}——热压机的加权平均生产率(m^3/天)；

a_1，$a_2 \cdots a_i$——各种规格的胶合板在总产量中占的百分率(%)；

Q_1，$Q_2 \cdots Q_i$——热压机单独生产某种规格产品的生产率(m^3/天)。

表2-1和表2-2分别为设计任务书下达的产品品种和规格以及各种规格产品在总产量中所占比例的示例。

表2-1　设计任务书规定的产品品种和规格

规格		占总产量百分比(%)	合计(%)
胶种	脲醛树脂胶	90	100
	酚醛树脂胶	10	
幅面	4′×8′	80	100
	3′×7′	20	
厚度(mm)	3(三层)	70	100
	5(五层)	20	
	7(五层)	10	

表 2-2　各种规格产品在总产量中所占比例

胶种	幅面	厚度	占总产量比例(%)
脲醛树脂胶	4′×8′	3(三层)	50.4
		5(五层)	14.4
		7(五层)	7.2
	3′×7′	3(三层)	12.6
		5(五层)	3.6
		7(五层)	1.8
酚醛树脂胶	4′×8′	3(三层)	5.6
		5(五层)	1.6
		7(五层)	0.8
	3′×7′	3(三层)	1.4
		5(五层)	0.4
		7(五层)	0.2
合计			100

表 2-3　不同规格产品实际年产量和日产量

胶种	幅面	厚度	占总产量比例(%)	实际年产量(m^3)	实际日产量(m^3/天)
脲醛树脂胶	4′×8′	3(三层)	50.4		
		5(五层)	14.4		
		7(五层)	7.2		
	3′×7′	3(三层)	12.6		
		5(五层)	3.6		
		7(五层)	1.8		
酚醛树脂胶	4′×8′	3(三层)	5.6		
		5(五层)	1.6		
		7(五层)	0.8		
	3′×7′	3(三层)	1.4		
		5(五层)	0.4		
		7(五层)	0.2		
合计			100		

热压机的实际年产量可按下式计算：

$$Q = Q_{CP} \times \text{每天工作时间} \times \text{年工作日}(m^3/\text{年})$$

在进行生产工艺设计时，生产线的生产能力应留有余地，国内工程预留总量一般为5%。因此，在校验热压机的生产能力时，应保证所选热压机的实际生产能力达到设计要求总生产量并预留总产量的5%时，方可确定所选热压机是合适的，否则需重新进行热压机选型和生产能力校验，直至达到上述要求为止。

确定热压机选型和校验其生产能力后，需列出各种不同规格胶合板产品实际年产量和日产量，以表2-1所给示例为例列出表2-3。

2.3 生产工艺流程设计

生产工艺流程的设计很重要，它是以后原辅材料消耗量计算和车间布置的依据，需根据设计任务书规定的产品品种和规格等技术要求，合理进行生产工艺流程设计。如若在生产工艺流程中考虑芯板采用先剪切后干燥的工艺，则在旋切机后应考虑设置剪板机；再如考虑中板采用整幅单板，则无需设置单板拼缝机等等。因此，确定生产工艺流程应遵循以下原则：

(1)拟定生产工艺流程应尽量采用成熟工艺和先进技术，同时需在实际生产中切实可行，并且不脱离我国人造板生产具体情况；

(2)努力实现生产线的自动化、机械化和连续化；

(3)合理并充分利用木材资源，并确保产品质量；

(4)尽量改善工人劳动条件，注意劳动保护；

(5)为保证产品质量，对一些重大工艺改革需加以论证。

生产工艺流程可采用简图或框图来表示，如图 2-1 和 2-2 所示。

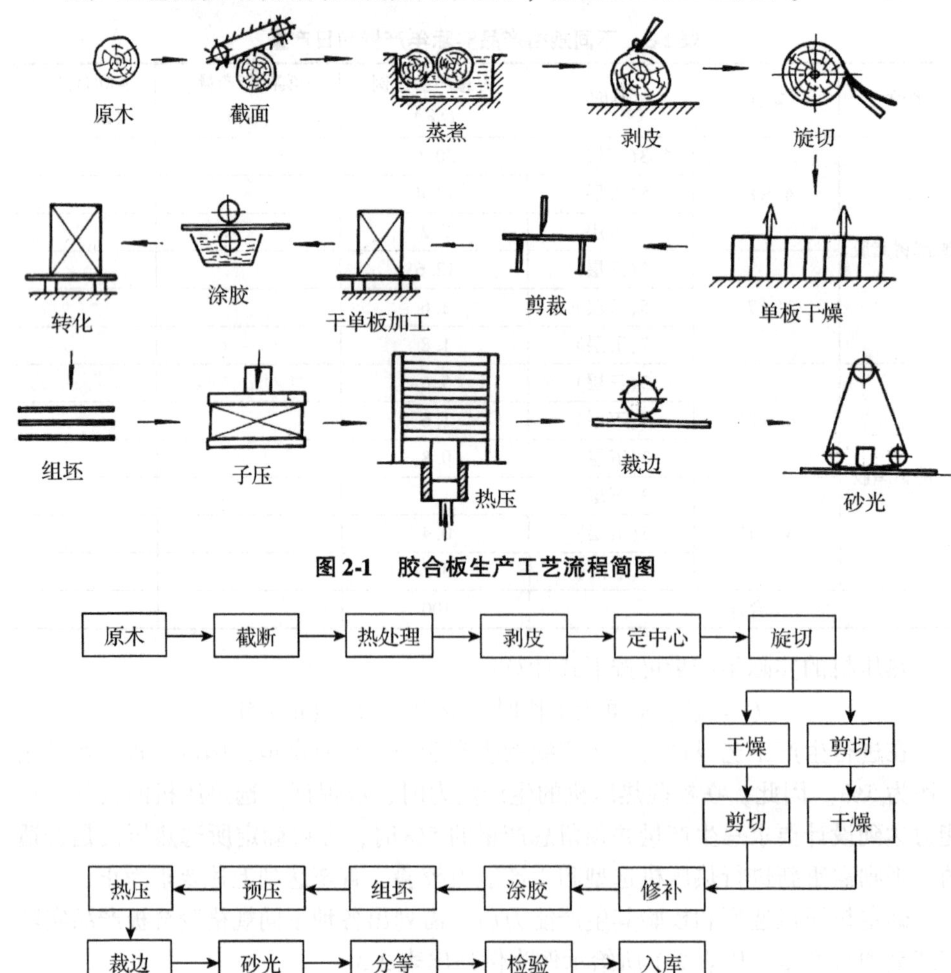

图 2-1　胶合板生产工艺流程简图

图 2-2　胶合板生产工艺流程框图

2.4　原辅材料消耗量计算

进行原辅材料消耗量计算的目的在于：(1)计算进入和离开各道生产工序的半成品加工量及损耗量，以平衡各道工序的物料平衡；(2)为设备选型和台套数计算提供依据；(3)计算获得生产产品所需总原材料和辅助材料需要量，可为后期厂址选择、生产工艺优化等提供实践依据。

胶合板生产所用原材料主要包括木材和胶黏剂(如脲醛树脂胶、酚醛树脂胶等)，辅助材料主要包括用于胶黏剂调制的固化剂、缓冲剂等。此部分着重介绍木材和胶黏剂消耗量的计算。

原材料消耗计算的依据为质量守恒定律，即进入某道生产工序加工的物料量等于操作后离开该道工序时获得的物料量和物料损耗量之和。因此，根据最终产品的产量，采用逆推法进行计算，可以得出各道工序的输入、输出物料量和物料损耗量，同时，也可以计算原材料的利用率。

各道工序的物料损耗量包括两部分，即工艺损耗量和技术组织损耗量。(1)工艺损耗量：这部分损耗是生产过程中必然存在的损耗，不可避免．如砂光、裁边、压缩等一系列损耗，它们可通过计算得到；(2)技术组织损耗量：这部分损耗是由于工人技术水平不够或生产组织管理不善而引起的，这部分损耗难以计算，通常根据生产实际经验估算，如定心偏差、单板破损率等。

2.4.1　木材需要量

原木需要量的计算须在拟定的生产工艺流程基础上，采用逆推法从最后一道生产工序往前倒推进行。

在开始原木需要量计算之前，需对各种不规格胶合板产品结构进行初步设计，尽可能对不同规格胶合板产品采用同一种生产工艺，以便简化操作，节约原材料。

以表 2-1 所给示例为例列出表 2-4 如下：

表 2-4　不同规格胶合板产品构成初步设计

胶合板规格厚度(层数)	单面砂光量(mm)	热压后毛板厚度(mm)	压缩率(%)	最小板坯厚度(mm)	表板厚度(mm)	芯板厚度(mm)	中板厚度(mm)	实际板坯厚度(mm)
3 mm(三层)								
5 mm(五层)								
7 mm(五层)								

首先根据设定的单面砂光量，计算热压后毛板厚度，再根据设定的压缩率，计算最小板坯厚度。然而，对不同规格胶合板产品构成进行初步设计，即确定表板、芯板、中板的厚度。设计过程中在保证原材料利用率的前提下应尽可能减少单板规格，即尽可能保持不同规格胶合板产品所用单板厚度的一致性，以减少工

艺调整。最后，计算实际板坯厚度，应尽可能使之接近最小板坯厚度，以提高原材料利用率。

(1)入库成品数

2.2部分计算所得热压机的实际生产能力并非是能入库的成品数，因为需从加工完成的产品中抽出部分进行质量检验，真正入库成品数应扣除这部分被抽检的产品，可按下式计算：

$$Q_{成} = Q_{已}(1 - I_0)$$

式中：$Q_{成}$——入库成品数(m^3/天)；

$Q_{已}$——已加工好的待检验胶合板数(m^3/天)，$Q_{已} = Q_{CP}$；

I_0——抽样检验百分数(%)(普通胶合板 $I_0 = 1\%$，进口板 $I_0 = 4\%$)。

(2)未经裁边和表面加工的胶合板量

$$Q_{未} = \frac{Q_{CP}}{(1 - I_1)(1 - I_2)(1 - \Delta_{12})}$$

式中：$Q_{未}$——未经裁边和表面加工的胶合板量(m^3/天)；

Q_{CP}——热压机的加权平均生产率(m^3/天)；

I_1——胶合板表面加工工艺损耗系数(%)；

I_2——胶合板裁边加工工艺损耗系数(%)；

Δ_{12}——胶合板表面和裁边加工技术组织损耗系数(%)。

①表面加工工艺损耗系数

$$I_1 = \delta / S_{毛板} \times 100\%$$

式中：I_1——胶合板表面加工工艺损耗系数(%)；

δ——表面加工余量(mm)，单面砂光量 $\delta = 0.1 \sim 0.15$(mm)，单面刮光 $\delta = 0.15 \sim 0.20$(mm)；

$S_{毛板}$——热压后毛板厚度(mm)。

由于设计任务书中规定的产品规格较多，此处，对于不同规格产品的工艺损耗系数应采用加权平均数，可按下式计算；

$$I_1 = I'_1 \times a_1 + I''_1 \times a_2 + I'''_1 \times a_3 + \cdots\cdots$$

式中：I'_1，I''_1，I'''_1…——各种规格胶合板的表面加工工艺损耗系数(%)；

a_1，a_2，a_3…——各种规格胶合板在总产量中占的百分率(%)。

②裁边加工工艺损耗系数

$$I_2 = \frac{F_{未} - F_{已}}{F_{未}} \times 100\%$$

式中：I_2——胶合板裁边加工工艺损耗系数(%)；

$F_{未}$——未裁边胶合板的面积(m^2)；

$F_{已}$——已裁边胶合板的面积(m^2)，裁边余量一般取60mm(指一个方向如纵向或横向两条边的裁边量的和)。

对于不同规格产品的工艺损耗系数应采用加权平均数，计算方法同上。

③技术组织损耗系数

胶合板表面和裁边加工工序技术组织损耗主要包括表面加工和裁边、检验操作不当造成的损耗，一般取 $\Delta_{12}=1\%\sim3\%$。

(3)热压前的板坯材积

$$Q'_{干}=\frac{Q_{未}}{(1-I_3)(1-\Delta_{13})}$$

式中：$Q'_{干}$——热压前的板坯材积(m³/天)；

$Q_{未}$——未经裁边和表面加工的胶合板量(m³/天)；

I_3——热压工艺损耗系数(%)；

Δ_3——热压技术组织损耗系数(%)；

①热压工艺损耗系数

$$I_3=\frac{S_{板坯}-S_{毛板}}{S_{毛板}}\times100\%$$

式中：I_3——热压工艺损耗系数(%)；

$S_{板坯}$——胶合板板坯厚度(mm)；

$S_{毛板}$——热压后毛板厚度(mm)。

对于不同规格产品的工艺损耗系数应采用加权平均数，计算方法同上。

②技术组织损耗系数

胶合板热压工序的技术组织损耗主要包括涂胶时单板的破损，组坯时有时芯板比面板幅面大，多余部分不得不裁去，裁去部分幅面较大的则可再用，幅面过小的则被废弃而造成损失。一般取 $\Delta_3=0.1\%\sim0.5\%$。

(4)经干燥后的干单板量

$$Q_{干}=\frac{Q'_{干}}{(1-I_4)}$$

式中：$Q_{干}$——经干燥后的干单板量(m³/天)；

$Q'_{干}$——热压前的板坯材积(m³/天)；

I_4——干单板加工工艺损耗系数(%)。

干单板加工工艺损耗主要考虑单板整理、分等、修补等过程中的损失。这部分损耗量无法通过计算获得，通常根据生产实际进行估算，一般取 $I_4=8\%\sim12\%$。因此，这部分工艺损耗中也包含了技术组织损耗。

(5)干燥前的湿单板量

$$Q_{湿}=\frac{Q_{干}}{(1-I_5)(1-\Delta_5)}$$

式中：$Q_{湿}$——干燥前的湿单板量(m³/天)；

$Q_{干}$——经干燥后的干单板量(m³/天)；

I_5——干燥工艺损耗系数(%)；

Δ_5——干燥工艺技术组织损耗系数(%)。

①干燥工艺损耗系数

干燥过程的工艺损耗主要考虑木材的干缩。因为木材是各向异性材料，其各个方向的干缩率不等，弦向干缩率为6% ~12%，径向干缩率为1% ~3%。干缩率与树种、单板厚度、初始含水率和终含水率等相关，综合考虑一般取 $I_5=5\%\sim8\%$。

②技术组织损耗系数

干燥过程的技术组织损耗主要考虑单板进入干燥机和出干燥机运输过程中的破损，以及干单板从干燥机上取下或运输过程的破损。一般取 $\Delta_5=0.3\%\sim0.5\%$。

(6)用于旋切的木段材积

$$Q_{木}=\frac{Q_{湿}}{(1-I_6)(1-\Delta_6)}$$

式中：$Q_{木}$——用于旋切的木段材积(m^3/天)；

$Q_{湿}$——干燥前的湿单板量(m^3/天)；

I_6——旋切工艺损耗系数(%)；

Δ_6——旋切工艺技术组织损耗系数(%)。

①旋切工艺损耗系数

木段经过旋切可得到碎单板、窄长单板、连续单板带以及木芯等半成品，其中碎单板和木芯不能用于制备胶合板。因此，此工序工艺损耗主要考虑旋切过程中不可用单板和木芯产生造成的损耗。这部分损耗与木段的形状和材质等有关，无法计算获得，因而只能通过生产实际估算，一般取 $I_6=25\%$ 左右。

②技术组织损耗系数

旋切工艺的技术组织损耗主要考虑定心偏差造成的损耗。一般取 $\Delta_6=0.5\%\sim2.5\%$。以上两部分损耗总和不能超过32%，否则木材利用率过低。

(7)原木需要量

$$Q_{原}=\frac{Q_{木}}{(1-I_7)}$$

式中：$Q_{原}$——原木需要量(m^3/天)；

$Q_{木}$——用于旋切的木段材积(m^3/天)；

I_7——原木截断工艺损耗系数(%)。

此工序主要考虑将原木截成木段时截头和锯路的损耗。一般取 $I_7=3\%\sim4\%$，其中包含了此工序的技术组织损耗。

(8)木材利用率

$$\eta=\frac{Q_{成}}{Q_{原}}\times100\%$$

式中：η——木林利用率(%)；

$Q_{成}$——入库成品数(m^3/天)；

$Q_{木}$——原木需要量(m^3/天)。

将上述计算结果汇总成表2-5。

表 2-5　各工序原料需要量及损耗量

序号	工序	入本工序量 (m^3/天)	到下工序量 (m^3/天)	工艺损耗系数 (%)	技术损耗系数 (%)	本工序损耗量 (m^3/天)
1	入库成品	Q_{CP}	$Q_{成}$	I_0		$Q_{CP}-Q_{成}$
2	表面和裁边加工	$Q_{未}$	Q_{CP}	I_1，I_2	Δ_{12}	$Q_{未}-Q_{CP}$
3	热压	$Q'_{干}$	$Q_{未}$	I_3	Δ_3	$Q'_{干}-Q_{未}$
4	单板整理	$Q_{干}$	$Q'_{干}$	I_4		$Q_{干}-Q'_{干}$
5	单板干燥	$Q_{湿}$	$Q_{干}$	I_5	Δ_5	$Q_{湿}-Q_{干}$
6	旋切	$Q_{木}$	$Q_{湿}$	I_6	Δ_6	$Q_{木}-Q_{湿}$
7	原木截断	$Q_{原}$	$Q_{木}$	I_7		$Q_{原}-Q_{木}$

2.4.2　胶黏剂消耗量

每立方米成品胶合板所消耗的液体胶黏剂量可按下式计算：

$$Q_C = \frac{q_c(m-1)}{S_\varphi}K_1K_2$$

式中：Q_C——每立方米成品胶合板所消耗的液体胶黏剂量(kg/m^3)；

q_c——芯板的单面涂胶量（kg/m^2）；

m——胶合板层数；

S_φ——胶合板成品厚度（m）；

K_1——胶合板的裁边系数 $K_1=F_{未}/F_{已}$，$F_{未}$——未裁边时胶合板的面积(m^2)，$F_{已}$——成品胶合板的面积(m^2)；

K_2——胶黏剂损失系数，蛋白胶 $K_2=1.025\sim1.066$，合成树脂胶 $K_2=1.034\sim1.035$

年胶黏剂总消耗量可按下式计算：

$$Q_{胶} = Q_C \times Q_{CP} \times 年工作天数$$

式中：$Q_{胶}$——年胶黏剂总消耗量(kg)；

Q_C——每立方米成品胶合板所消耗的液体胶黏剂量(kg/m^3)；

Q_{CP}——热压机的加权平均生产率(m^3/天)。

2.5　设备选型及生产能力计算

设备选型及生产能力计算部分的主要任务包括：

(1)根据产品品种、规格和产量选择设备的型号并计算其生产能力；

(2)根据各道工序需加工的原料或半成品数量以及设备的生产能力，按下式计算设备台数；

$$N = \frac{Q}{Q_0}$$

式中：N——所需设备的台数(台)；

Q——一台设备的年需加工量(m^3/y 或 kg/y);

Q_0——一台设备的年生产能力(m^3/y 或 kg/y)。

(3)将计算所得设备台(套)数圆整成整数，然后按下式计算设备的负荷系数。

$$\eta_m = \frac{N}{N'}$$

式中：η_m——设备负荷系数；

N——理论计算所得设备台(套)数；

N'——圆整后实际设备台(套)数；

2.5.1 截锯机

原木截断使用的设备主要有链锯机，往复式截锯机和平衡式圆锯机三种。链锯机结构简单，使用安全、方便，断料速度快，生产效率高，操作方便，可截断大径级原木，劳动强度较低，因而国内胶合板厂普遍使用的截断设备。链锯机的技术性能如表 2-6 所示。

表 2-6 链锯机技术性能参数

规格性能 \ 型号	MJ5015 型
锯身长度(mm)	1750
锯切木段最大直径(mm)	1400
锯路宽度(mm)	7
生产率(m^3/班)	70 ~ 80(木段直径为 300 ~ 500mm) 150 ~ 200(木段直径为 800mm 以上)
电机功率(kW)	5.5
转速(r/min)	1420

2.5.2 蒸煮池

$$N = \frac{QT}{VK} + (1 \sim 3)$$

式中：N——蒸煮池个数(个)；

Q——每小时需处理的木段材积 (m^3/h)；

T——蒸煮周期(h)，包括装池和出池时间，根据不同树种的热处理工艺确定；

V——蒸煮体积(m^3)；

K——蒸煮池充满系数，一般取 $K = 0.5 \sim 0.6$。

2.5.3 剥皮机

目前，主要有人工剥皮和机械剥皮两种。人工剥皮主要是人工用搂刀、扁铲等工具将树皮剥掉。此法树皮剥得比较干净，对木材(木质部)损伤比较小，但劳动强度大，剥皮效率低，是一项繁重体力劳动。机械剥皮主要是利用各种形式的剥皮机来剥皮，可分为切削型、摩擦型和冲击型三种。胶合板生产中多采用切削型机械剥皮机。剥皮机技术性见表2-7。

表2-7　剥皮机技术性能参数

规格性能 \ 型号	BBP1400E	BBP2000E	BBP2600E
剥皮原木长度(mm)	1500	2000	2600
剥皮原木直径范围(mm)	130～500	130～500	130～500
配备动力(kW)	22	33.5	35
旋切速度(m/min)	48	48	48
剥皮厚度(mm)	1～8	1～8	1～8
外形尺寸(mm)	2700×2200×1450	4550×2050×1350	5250×2550×1350
重量(kg)	5600	7000	8000
制造企业	山东百胜源集团		

2.5.4　定心机

胶合板生产过程中常用的定心设备有机械三点定心机和光环投影定心机。定心机的技术性能如表2-8所示。

表2-8　定心机技术性能参数

规格性能 \ 型号	光环投影定心机			机械三点定心机	
	BD 1513/26	BD 1513/13	BD 1510/26	BD 138/13	BD 138/28
最大定心直径(mm)	1300	1300	1000	800	800
最小定心直径(mm)	350	350	200	200	200
最大原木长度(mm)	2700	1450	2700	1320	2600
最小原木长度(mm)	1900	1000	1900		
电机总功率(kW)	23.7	21.5	18.7	7.54	9.14
外形尺寸(mm)	10703×6830×3600	10703×5580×3600	10703×6300×3000	3170×2220×1705	3175×3500×1705
重量(T)	16	7.9	11	5.3	7.25
制造企业	信阳木工机械有限责任公司				

2.5.5　旋切机

单板旋切可根据原木规格采用液压双卡轴旋切机或单卡轴旋切机。单台旋切机生产能力可按下式计算：

$$Q = Z \cdot V \cdot K/T$$

式中：Q——单台旋切机的生产能力(m^3/班)；

Z——每班工作时间(min/班)；

V——一根木段的平均材积(m^3)；

K——工作时间利用系数，一般取0.8～0.85；

T——旋切一根木段所需时间(min)。

表2-9 旋切机技术性能参数

型号/规格性能	液压双卡轴旋切机				液压单卡轴旋切机		
	BQ 1626/16A	BQ 1626/13	BQ 1626/10	BQ 1613/10	BQ 1226/8A	BQ 1213/8	BQ 1213/5
旋切木段最大直径(mm)	1600	1300	1000	1000	800	800	500
旋切刀片长度(mm)	2750	2750	2750	1500	2700	1500	1500
旋切单板厚度(mm)	0.4～5.5	0.3～4.5	0.5～5.8	0.5～5.8	0.5～4	1.2～4.0	1.2～2.4
卡轴转速(rpm)	24～200	24～240	0～240	0～240	0～180	0～180	0～180
总功率(kW)	128	96.2	99.3	79.3	82	64.6	18.5
外形尺寸(mm)	10382×6432×3710	8270×2500×2040	10476×4632×2740	8650×4720×2740	6800×2400×1725	4620×1640×1600	3400×1080×1100
重量(T)	36	25	24	20	14	10.7	2.7
制造企业	信阳木工机械有限责任公司						

旋切后的单板多采用卷板机贮存，卷板机的技术性能参数见表2-10。

表2-10 卷板机技术性能参数

型号	最大工作宽度(mm)	所配旋切机	卷板速度(m/min)
BJB1226A	2600	BQ 1626/13	恒线速
BJB 1220A	2000	BQ 1620/10	恒线速
BJB 1220	2000	BQ 1213/8	260
BJB 1213A	1500	BQ 1613/10	恒线速
BJB 1213	1500	BQ 1213/5	26

2.5.6 干燥机

单板干燥可采用网带式干燥机、辊筒式干燥机以及热板式干燥机。单台网带式或辊筒式干燥机的生产能力可按下式计算：

$$Q = T \cdot K_1 \cdot K_2 \cdot n \cdot S \cdot B \cdot u$$

式中：Q——单台网带式或辊筒式干燥机的生产能力(m^3/班)；

T——每班工作时间(min)；

K_1——工作时间利用系数 $K_1 = 0.9 \sim 0.95$

K_2——干燥机进料充满系数，横向连续进料 $K_2 = 0.9 \sim 0.95$，非连续进料

$K_2 = 0.8 \sim 0.85$；

n——干燥机的层数(层)；

S——单板厚度(m)；

B——每层干燥机上的单板宽(m)，连续进料时 B 即为单板带宽度，非连续进料时 B 为干燥机的有效工作宽度；

u——干燥机的进料速度(m/min)。

网带式干燥机和辊筒式干燥机技术性能参数如表 2-11 所示。

表 2-11　网带式干燥机和辊筒式干燥机技术性能参数

型号 / 规格性能	双层网带式干燥机					多层网带式干燥机			辊筒干燥机
	BG 183/2-5	BG 183/2-7	BG 183/2-9	BG 183/2-11	BG 183/2-13	BG 183/A-11	BG 183/A-13	BG 183/A-18	BG 134A-8
网带(辊筒)宽度(mm)	2750	2750	2750	2750	2750	2750	2750	2750	4250
网带(辊筒)速度(m/min)	1～10	1～10	2～17	2～17	3～30	3～30	3～30	3.5～35	1～10
工作层数(层)	2	2	2	2	2	3	3	3	4
加热室(节)	5	7	9	11	13	11	13	18	8
冷却室(节)	1	1	1	1	1	1	1	1	1
蒸汽压力(MPa)	1.3	1.3	1.3	1.3	1.3	1.3	1.3	1.3	1.3
蒸汽耗量(kg/h)	700	1000	1400	1800	2500	3000	3600	5200	4200
单板厚度(mm)	0.5～3.5	0.5～3.5	0.5～3.5	0.5～3.5	0.5～3.5	0.5～3.5	0.5～3.5	0.5～3.5	1.2～4
平均年产量(m^3)	3700	5000	7500	10000	14000	20000	25000	36000	25000
总功率(kW)	54.7	69.7	72	98.9	111.9	168	194	287	152
外形尺寸(mm)	17000×4900×2940	21000×4000×2940	27350×4780×3438	35750×4780×3438	31750×4780×4485	35750×4780×4485	35750×4780×4485	49750×4780×4485	21410×6154×3950
重量(T)	29.8	36.2	45	50	56	80	91	120	95.7
制造企业	信阳木工机械有限责任公司								

热板式干燥机适用于厚单板以及易变形单板的干燥，其技术性能参数如下：

型号	BYG48-40-12
公称压力（kN）	400
热压板尺寸（mm）	2700×1370×42
制件尺寸（尺）	4×8
开档（mm）	60
层数（层）	12
柱塞缸直径（mm）	4-Φ100
工作行程（mm）	720
工作压力（MPa）	13

电机功率（kw） 15.55
闭合速度（m/min） 3
主机外形尺寸（mm） 5480×1730×2900
净重（kg） 21000

2.5.7 剪板机

剪板机用于对单板进行剪切加工，分为气动剪板机和机械剪板机两种，其技术性能参数如表2-12所示。通常，若采用先干燥后剪切工艺，为保证生产线自动连续化作业，每台干燥机后配一台剪板机。

表2-12 剪板机技术性能参数

型号 规格性能	气动剪板机			机械剪板机	
	BJ 1313	BJ 1326	BJ 1326A	BJ 1120	BJ 1126
最大剪切宽度(mm)	1320	2600	2600	2000	2600
剪切频率(次/min)	200	200	200	123	123
剪切厚度(mm)	0.5~6	0.5~6	0.5~6	0.8~5	0.8~5
总功率(kW)	气动	气动	气动	2.2	2.2
外形尺寸(mm)	2460×850×1950	3800×1100×1420	3710×850×1950	3083×792×1200	3720×740×1200
重量（T）	1.16	1.5	2.1	0.87	1.09
制造企业	信阳木工机械有限责任公司				

2.5.8 拼缝机

把窄长单板拼接成整幅单板的操作称为胶拼，这种胶拼是在单板的宽度方向进行，即对单板的侧面进行胶拼。按单板的进板方向与纤维方向间的关系，可分为纵向胶拼与横向胶拼两种。

单板纵向拼缝机主要用于面板和背板的胶拼，其生产能力可按下式计算：

$$Q = \frac{T \cdot u \cdot K}{L \cdot n}$$

式中：Q——单台纵向拼缝机的生产能力(张/班)；

T——每班工作时间(min)；

u——进料速度(m/min)；

K——机床利用系数，一般取0.8~0.9；

L——单板长度(mm)；

n———张单板的平均拼缝数(条)，根据生产实际情况，面、背板中30%需要拼接，平均每张板拼缝数取1.5条。

单板横向拼缝机主要用于芯板整张化胶拼，其生产能力可按下式计算：

$$Q = \frac{T \cdot u \cdot K}{L}$$

式中：Q——单台横向拼缝机的生产能力(张/班)；

T——每班工作时间(min)；

u——进料速度(m/min)；

K——机床利用系数，一般取0.8～0.9；

L——整张芯板的长度(mm)。

表 2-13　单板拼缝机技术性能参数

规格性能 \ 型号	横向拼缝机 CXCT-4	纵向拼缝机 XCXT-4
最大加工长度(mm)	不限制	10000
最大加工宽度(mm)	1300	1950
最大加工厚度(mm)	4.5	4
进料速度(m/min)	20～30	20～30
总功率(kW)	22	22
外形尺寸(长×宽)(mm)	3200×12000	5500×12000
重量（T）	4	6
制造企业	临沂长兴木业机械有限公司	

2.5.9　涂胶机

胶合板生产中单板涂胶多采用四辊涂胶机，所需涂胶机台数可按下式计算：

$$N = \frac{L \cdot m}{t \cdot \pi \cdot d \cdot n \cdot K}$$

式中：N——所需涂胶机台数(台)；

L——一张芯板的长度(m)；

m——所有压机在一个热压周期中需涂胶的芯板张数(张)；

t——热压机一个热压周期的时间(min)；

d——涂胶辊直径(m)；

n——涂胶辊的转速(转/min)；

K——涂胶机利用系数，一般取0.67～0.72。

2.5.10　预压机

胶合板生产过程中采用周期式冷压方式对板坯进行预压，预压机的生产能力可按下式计算：

$$Q = T \cdot n \cdot S \cdot F \cdot K/t$$

式中：Q——一台预压机的生产能力(m^3/班)；

T——每班工作时间(min)；

n——一次预压的胶合板板坯张数(张)，通常板坯垛高度不超过1米；

S——一张胶合板板坯的厚度(m)；

F——板坯的幅面面积(m^2)；

K——时间利用系数，一般取0.8～0.9；

t——预压周期(包括装板、卸板时间)(min)。

表 2-14 四辊涂胶机技术性能参数

规格性能 \ 型号	BS 3427	BS 3427A	BS 3413B
涂胶辊直径(m)	320	320	195
挤胶辊直径(m)	210	210	132
进料速度(m/min)	53 ~ 80	33 ~ 50	53 ~ 80
涂胶宽度(mm)	2700	2700	1320
可涂胶单板厚度(mm)	>0.5	<0.5	>0.5
上下胶辊最大距离(mm)	60	60	60
进出板高度(mm)	1000	1000	1000
总功率(kW)	2.2 ~ 2.8	2.2 ~ 2.8	2.2 ~ 2.8
外形尺寸 (mm)	3510 × 785 × 1540	3530 × 2330 × 1575	2310 × 785 × 1540
重量 (T)	1.9	2.04	1.4
制造企业	信阳木工机械有限责任公司		

2.5.11 热压机

热压机生产能力的计算见 2.2 部分，热压机技术性能参数如表 2-15 所示。

表 2-15 单层预压机技术性能参数

规格性能 \ 型号	BY 814 × 8/5C	BY 814 × 8/4
压板幅面(长 × 宽)(mm)	1400 × 2700	1400 × 2700
总压力(T)	500	400
压机开档(mm)	1200	1200
油缸行程(mm)	900	900
液压系统压力(MPa)	25	25
油泵电机功率(kW)	15	11
减速机功率(kW)	1.5	1.5
外形尺寸 (mm)	3240 × 3767 × 5700	3240 × 1730 × 5400
重量 (T)	15.4	11.9
制造企业	信阳木工机械有限责任公司	信阳木工机械有限责任公司

2.5.12 纵横裁边机

$$Q = T \cdot u \cdot K \cdot n / 2L$$

式中：Q——一台纵横裁边机的生产能力(张/班)；

T——每班工作时间(min)；

u——锯机进料速度(m/min)；

K——时间利用系数，一般取0.75～0.85；

n——一次裁边的胶合板张数(张)；

L——锯边长度(min)，可取胶合板长宽的平均值。

纵横裁边机的技术性能参数如下：

加工幅面(mm) 纵锯　750～1230

横锯　1750～2450

操作台高度(mm)　770

锯割进板速度(m/min)　18

总功率(kW)　21

外形尺寸(长×宽×高)(mm)　10580×10270×1230

重量 (kg)　6200

注：以上设备由江西昌大三机中兴木工机械有限公司(江西第三机床厂)制造

表2-16　热压机技术性能参数

规格性能 \ 型号	BY 214×8/5-15	BY 214×8/7-15	BY 214×8/7-25	BY 214×8/7-10	BY 214×8/5-10	BY 214×8/5-5A	BY 213×6/5-10	BY 213×7/5-15	BY 214×6/6-15
总压力(T)	500	700	700	700	800	500	500	600	600
压板幅面(长×宽)(mm)	1370×2700	1370×2700	1370×2700	1370×2700	1370×2700	1370×2700	1150×2100	1150×2400	1400×2100
层数(层)	15	15	25	10	10	5	10	15	15
层间距(mm)	60	60	60	60	60	60	75	75	75
柱塞直径(mm)	250	450	450	280	250	360	260	280	280
油缸数量(个)	4	2	2	4	4	2	4	4	4
总功率(kW)	33.5	40.5	40.5	22	26	13	23	30	23
外形尺寸 (mm)	3220×1340×3965	3900×1450×5690	3900×1450×8015	3950×1630×4165	3220×1340×3465	3560×1575×3000	3900×1450×4795	3900×1450×5825	3900×1700×5825
重量 (T)	35	54	91	36.5	24.0	21.8	35	42	48
装卸板方式	机械装卸	机械装卸	机械装卸	机械装卸	机械装卸	手工装卸	机械装卸	机械装卸	机械装卸
制造企业	信阳木工机械有限责任公司						江西昌大三机中兴木工机械有限公司		

2.5.13　砂光机

单面砂光：$Q = T \cdot u \cdot K_1 \cdot K_2 / L$

双面砂光：$Q = T \cdot u \cdot K_1 \cdot K_2 / 2L$

式中：Q——单台砂光机生产能力(张/班)；

T——每班工作时间(min)；

u——进料速度(m/min)；

K_1——进料充实系数，取0.9；

K_2——时间利用系数，取0.9；

L——胶合板长度(min)。

表 2-17　砂光机技术性能参数

规格性能 \ 型号		SRP 13D	SRP 16D	SRP 20D
加工厚度(mm)		3~90	3~90	3~90
加工长度(mm)		>900	>900	>900
加工宽度(mm)		200~1300	500~1600	800~1900
砂带线速度(m/s)		22	22	22
砂带尺寸(宽×周长)(mm)		1350×3000	1650×3000	1950×3000
进料速度(m/min)		6~30	6~30	6~30
选配吸尘参数	风量(m^3/h)	24000	24000	28000
	风压(Pa)	1300	1300	300
	管道平均风速(m/s)	25~30	25~30	25~30
主电机功率(kW)		75×2	75×2	90×2
外形尺寸 (mm)		2200×3360×2900	2200×3760×2900	2200×4060×2900
重量 (T)		13.5	14.5	17
制造企业		青岛千川林业设备有限公司		

除了上述胶合板生产所需主要设备外，其他辅助设备(如运输设备等)可根据生产实际情况配套。根据上述选定的设备，将其列于下表中。

表 2-18　设备明细表

序号	设备名称	型号	数量(台)	设备外形尺寸(mm)			总功率(kW)	重量(T)	制造企业
				长	宽	高			

2.6　车间设备布置的设计

在胶合板生产工艺设计中，设备布置是重要的内容，它直接影响到各工序之间的衔接，车间面积的有效利用和设备效率的发挥。这部分工作包括以下内容：确定设备在车间中的位置，原料、半成品和成品的运输设备及位置，采用的运输方法等等。设备布置要保证劳动生产率高、所占车间面积小、运输路线最短，既能满足生产工艺要求又要保证生产的正常化和连续化，因此在布置车间设备时应考虑以下要求：

(1)车间布置应充分利用天然通风、采光条件。厂房最好成“一”字形布置，当受地形限制时也可为“L”或“U”字形。一个工段应集中在一处，不要在转弯处放置设备，同类设备应集中放置，工作位置要有足够的照明度。

(2)设备的布置顺序应与生产工艺流程一致，使半成品在车闻内直线流动，避免回头交叉及反复转弯，并应尽量避免半成品运输横过主通道，设备避免逆向或交叉布置，注意留出足够的操作、检修位置和半成品的堆放位置。

(3)车间厂房高度应满足工艺设备、起重运输设备及管道等安装、操作和维修的要求。

(4)车间内设备与设备、柱或墙间的最小距离如表2-18所示。

表2-19　设备与设备、柱或墙间的最小距离

间距名称	最小间距(m)	
	操作面	非操作面
设备与设备的间距	1.5~3.0	1.0~1.2
设备与柱、墙的间距	1.5~2.5	0.8~1.0

注：如有通道则另加1.5~2.5米。

(5)为了保证半成品的运输通畅和人员的通行，车间应设纵横通道，应保证有一条以上的主通道。主通道宽度不少于3米，次要通道宽度不少于1.5米，在车间纵向每隔50米左右应有横向通道或增设过桥。

(6)车间内设电工间、维修间、磨刀间和试验室等辅助生产设施，并设办公室、休息室及其他生活设施。

(7)在考虑车间布置时，必须同时考虑有关建筑方面的问题，应符合建筑标准。车间布置图常用1∶100的比例绘制。在图上应画出门、窗及墙，柱子则画出中心线或柱基外形，还应画出隔墙或同壁。

各生产工段布置的具体要求如下：

(1)准备工段

原木截断处的木段存量为一昼夜的需要量。

蒸煮池壁宜高出地面30~80cm，操作通道宽度不少于80cm，蒸煮池上方需设置起重运输设备。备料工段尽可能单独设置，单独设置时可设有相应的辅助生活设施(如更衣室、厕所等)。若备料工段与主车间相连，应设隔墙，以免蒸煮池蒸汽等影响后工段的生产操作和工作环境。

(2)旋切工段

该工段布置可采用先干燥后剪切或先剪切后干燥两种工艺。一般大径材和用作面、背板的薄单板可采用先干燥后剪切工艺，而小径木及用作芯板的厚单板则宜采用先剪切后干燥工艺。

旋切前剥皮木段的存放量为1~15小时的用量，湿单板贮存量不少于1~2个班的用量。湿单板堆放高度为1.3m，密实程度取为0.9。采用多台旋切机和卷板机贮存单板的工艺时，应设置单板卷板机转运装置，以利于平衡旋切机与干燥设备的生产能力。若采用多台旋切机时，设备布置应充分考虑到利于废单板和木芯的运输和整理。两台旋切机中心线之间的距离应能保证检修时卡轴能顺利地抽出。旋切机上方需设置换刀和检修用的起重设备。

(3)干燥工段

干燥机检修侧应留出足够的位置，以便于喷气箱、滚筒的检修。干燥机底部如设清灰坑，则其宽度不应小于800mm，地坑底部与干燥机底部距离不应小于1200mm。

(4)干单板整理工段

干单板整理工段各工序间应留有足够的半成品堆放位置。干单板应按不同树种、厚度和质量进行分等存贮，贮存量不少于五天的生产用量。干单板堆垛高度为1.5m，密实程度取0.6～0.7。干单板贮存面积堆积系数一般为0.4～0.5m^3/m^2。

(5)热压工段

调胶装置宜布置在涂胶机上方的平台上，亦可设胶料高位槽，利用自流方式供胶。应避免调胶和施胶管道迂回曲折或多次泵送。

调胶平台上方应设置起吊设备，起吊设置按起吊最大负荷选型。

预压机前后应分别预留两个板堆位置，以便涂胶、组坯至热压机之间能很好地衔接。预压后至装板前宜设置板坯检查返修工作区，以利于提高产品质量。

采用多台涂胶机、预压机和热压机时，应设置板坯横向运输装置以平衡各设备的生产能力。

涂胶机和热压机上方应设置强制通风装置，以降低车间内有害气体的含量。

调胶、涂胶装置附近应设地漏以便于冲洗。冲洗污水宜先排至靠近污染源的集污地进行预处理，以避免余胶凝固堵塞排污管道。

热压机层数超过15层时，宜采用自动装卸板装置。同时，压机应有快速闭合装置，闭合时间一般为5～12s。

热压生产线的布置应以热压机为基准分别向涂胶、预压和装卸板、裁边两端布局，以构成连续生产线，操作台与电气控制柜应布置在生产操作面一侧。

热压生产线厂房高度应视热压机层数和厂房跨度而定，一般15层以下者，厂房高度不低于6m，而15层以上的压机厂房高度不低于6.5m。

采用多层热压机或地下水位较高时，热压工段宜布置在楼层上。采用楼层布置时楼面的承载能力应满足设备安装、检修及运输的要求。安装热压机的地坑或楼孔在非设备运行侧应加盖或安全栏杆。

(6)胶合板完成工段

生产规模超过20000m^3/年的工厂(或车间)其裁边和砂光工序与热压工序宜布置在同一流水线上，以提高生产效率和连续化水平，但各工序之间应考虑能独立操作。若热压、裁边和砂光不在同一流水线上时，各工序应留有足够的中间贮存面积，热压与裁边之间、裁边与砂光之间贮存量均不应少于一个班的产量。

成品合板允许在车间内有中间贮存，贮存量以一班的产量为宜。

(7)辅助生产部分

这部分包括半成品，成品的质量检测、设备维修、磨刀、修锯等。

胶合板车间内一般设化验室，负责成品质量的检测、胶黏剂性能的测试以及必要的工艺测试。车间化验室面积一般不少于24m^2，并根据检验的范围和内容进行检测仪器布置，有技术开发机构或中心试验室的企业，车间化验室仅负责取样送检，其面积一般不超过15 m^2。

磨刀室宜设在旋切工段，磨刀机数量视生产规模而定。年产 20000m^3以下的胶合板企业一般配一台磨刀机。

胶合板生产车间应设维修间，负责车间机械设备和电气装备的维修保养。维修间宜设在车间的中部或后部，面积一般为 50 ~ 100m^2。辅助生产一般为一班制，但磨刀(铿锯)的生产班次宜与旋切、备料工段一致。

绘制车间平面布置图时主要设备简图可参考附录部分。

2.7　附录

2.7.1　年产 2 万 m^3胶合板生产线典型设备配置

附表 2-1　年产 2 万 m^3胶合板生产线设备明细表

序号	设备名称	型号	数量(台)	设备外形尺寸(mm)			总功率(kW)	重量(T)	主要技术参数
				长	宽	高			
1	原木链锯机	MJ 5015	2	1750			5.5		锯切木段最大直径：1400 mm 转速：1420 r/min
2	原木剥皮机	BBP 2000E	1	4550	2050	1350	33.5	7	剥皮原木长度：2 m 剥皮原木直径范围：130 ~ 500 mm
3	原木定心机 I	BD 1513/26	1	10703	5580	3600	23.7	7.9	定心原木直径范围：350 ~ 1300 mm 定心原木长度范围：1900 ~ 2700 mm
	原木定心机 II	BD 138/13	1	3170	2220	1705	7.54	5.3	定心原木直径范围：200 ~ 800 mm 定心原木最大长度：1320 mm
4	旋切机 I	BQ 1626/13	1	8270	2500	2040	96.2	25	旋切木段最大直径：1300 mm 旋切刀片长度：2750 mm 旋切单板厚度：0.3 ~ 4.5 mm
	旋切机 II	BQ 1613/10	1	8650	4720	2740	79.3	20	旋切木段最大直径：1000 mm 旋切刀片长度：1500mm 旋切单板厚度：0.5 ~ 5.8 mm
6	卷板机 I	BJB 1226A	1						最大工作宽度：2600 mm
	卷板机 II	BJB 1213A	1						最大工作宽度：1500mm
7	单板架		2						

（续）

序号	设备名称	型号	数量（台）	设备外形尺寸(mm)			总功率（kW）	重量（T）	主要技术参数
				长	宽	高			
8	网带式干燥机	BG 183/2-13	1	31750	4780	4485	111.9	56	网带宽度：2750 mm 网带速度：3 ~ 30 m/min 工作层数：2 层
	辊筒干燥机	BBG 134A-8	1	21410	6154	3950	152	95.7	辊筒宽度：4250 mm 网带速度：1 ~ 10 m/min 工作层数：4 层
9	剪板机	BJ 1326	3	3800	1100	1420	气动	1.5	最大剪切宽度：2600 mm
10	横向拼缝机	CXCT-4	2	3200	12000		22	4	最大加工长度：不限制 最大加工宽度：1300 mm
	纵向拼缝机	XCXT-4	1	5500	12000		22	6	最大加工长度：10000 mm 最大加工宽度：1950 mm
11	四辊涂胶机	BS 3427	2	3510	785	1540	2.2 ~ 2.8	1.9	涂胶辊直径：320 mm 挤胶辊直径：210 mm 可涂胶单板厚度：> 0.5 mm 进料速度：53 ~ 80 m/min
12	预压机	BY 814 × 8/5C	1	3240	3767	5700	15	15.4	压机开档：1200 mm 液压系统压力：25 MPa
13	热压机 I	BY 214 × 8/7-25	1	3900	1450	8015	40.5	91	压板幅面（长 × 宽）：1370 × 2700 mm 压机层数：25 层 柱塞直径：450 mm
	热压机 II	BY 213 × 7/5-15	1	3900	1450	5825	30	42	压板幅面（长 × 宽）：1150 × 2400 mm 压机层数：15 层 柱塞直径：280 mm
14	纵横裁边机		1	10580	10270	1230	21	6.2	加工幅面纵锯：750 ~ 1230 mm 横锯：1750 ~ 2450 mm
15	砂光机	SRP 16D	1	2200	3760	2900	75 × 2	14.5	加工厚度：3 ~ 90 mm 加工宽度：500 ~ 1600 mm 加工长度：>900 mm 进料速度：6 ~ 30 m/min

2.7.2　主要设备外形图

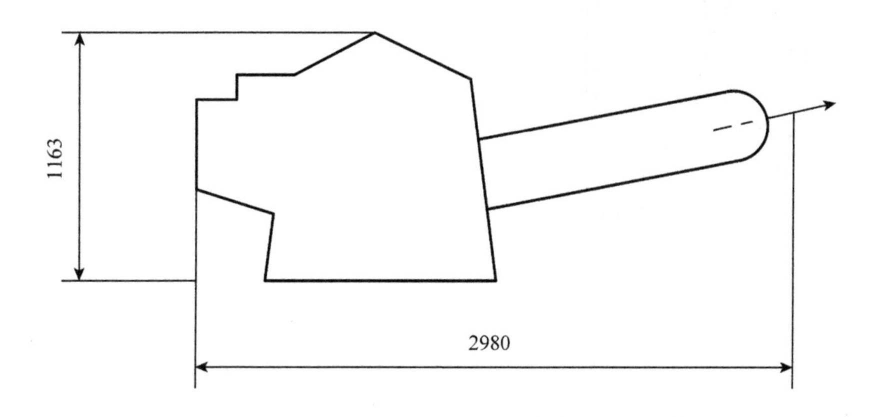

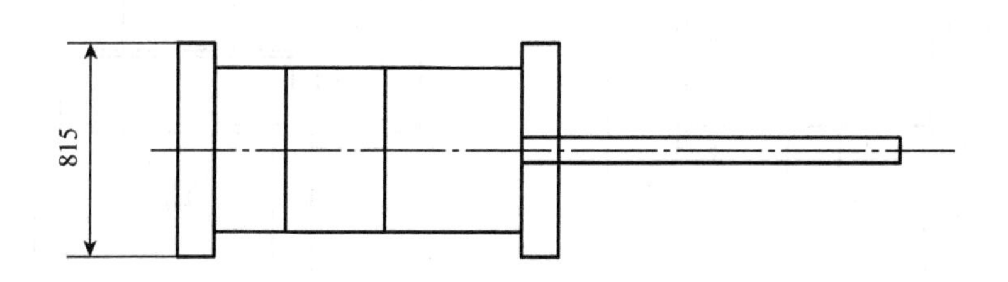

附图 2-1　链锯机

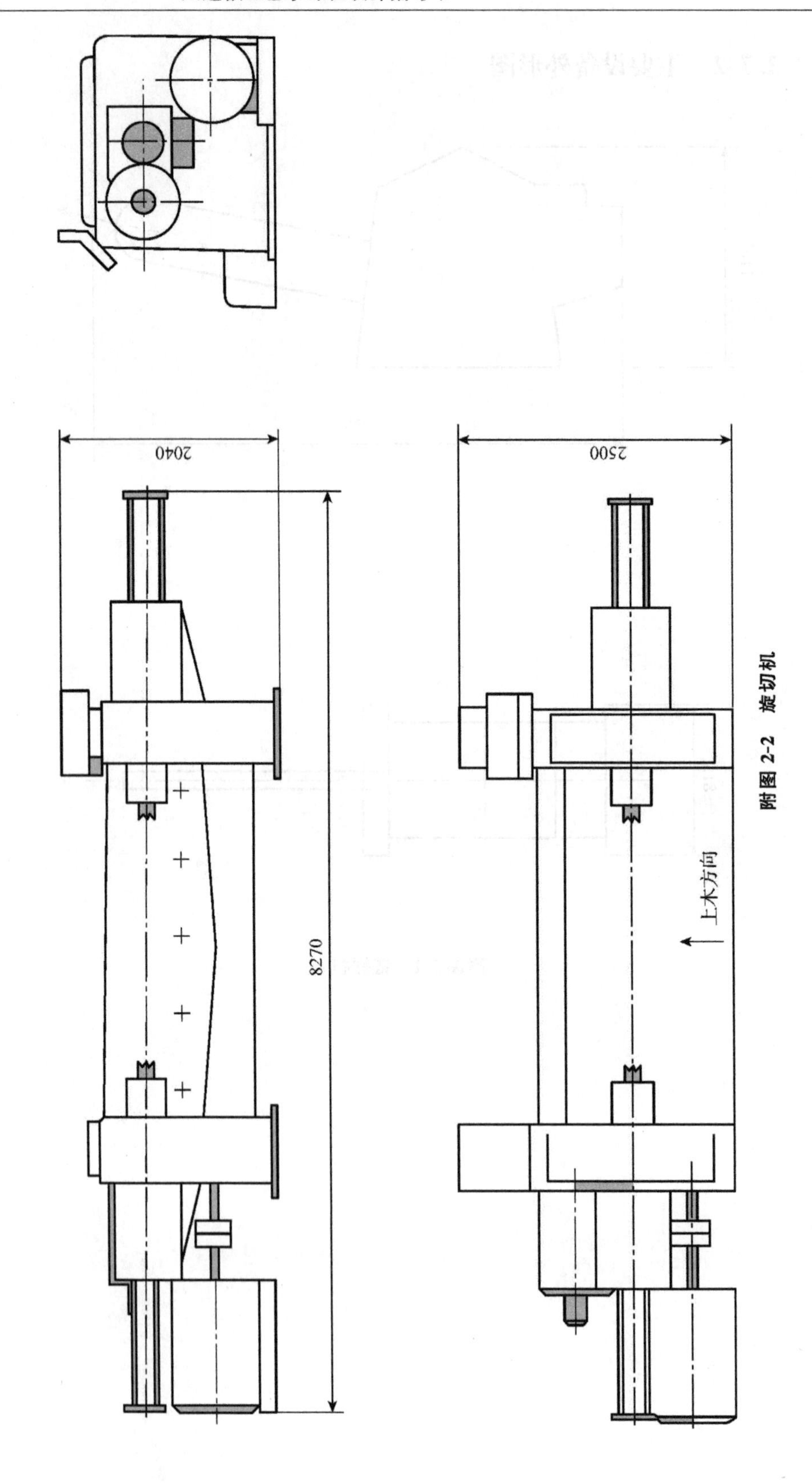

附图 2-2　旋切机

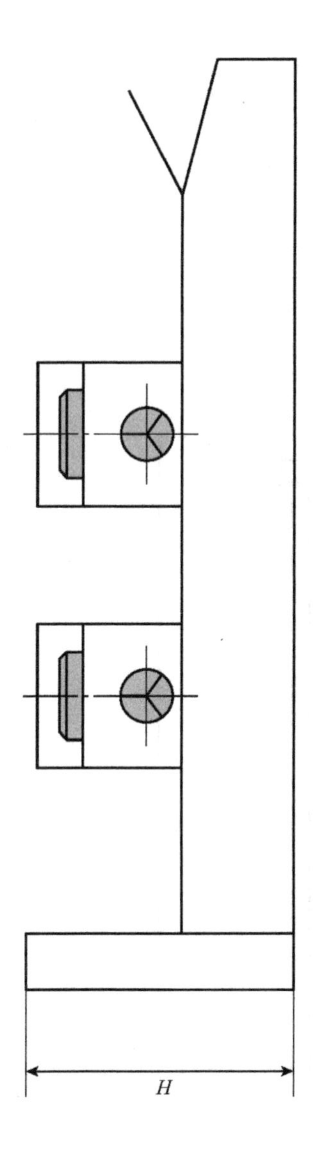

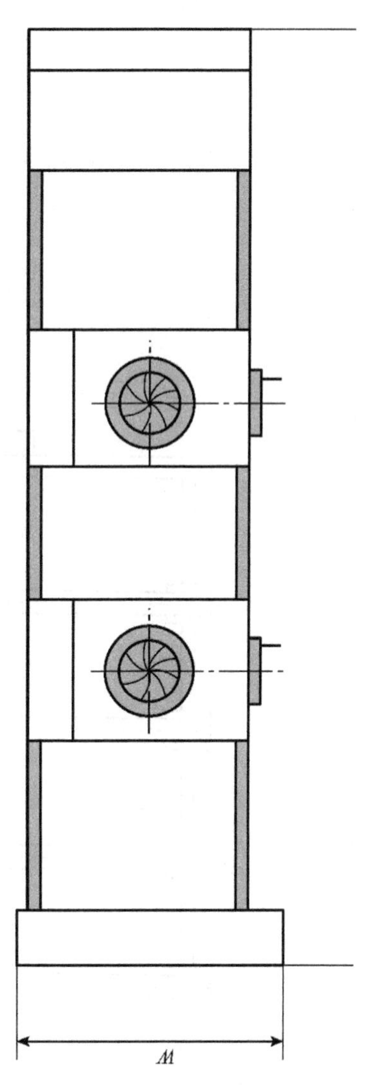

附图 2-3　磨刀机

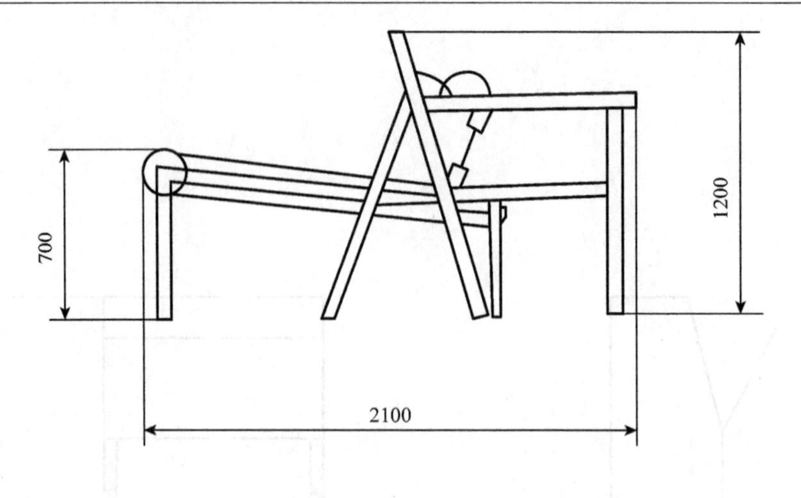

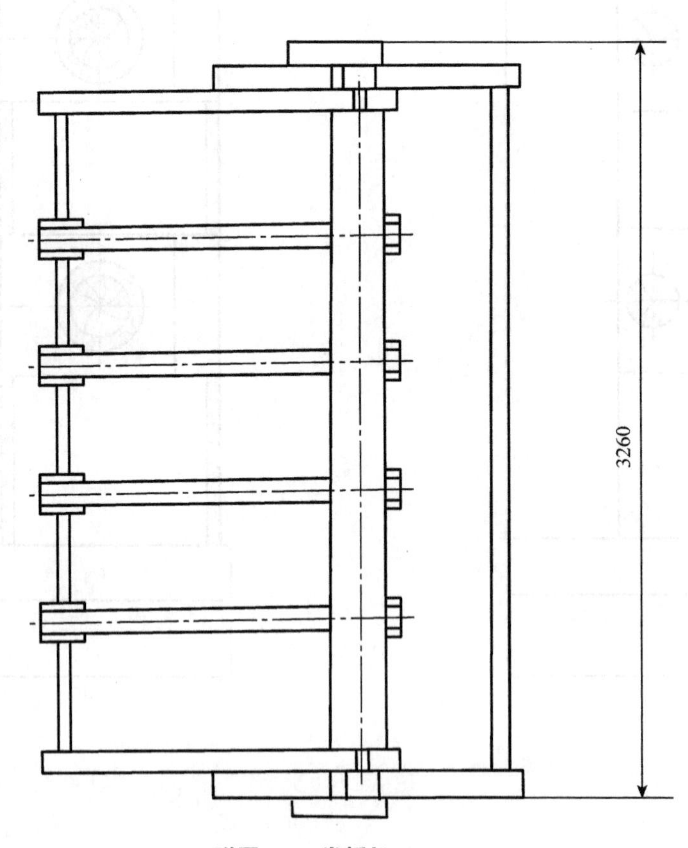

附图 2-4　卷板机

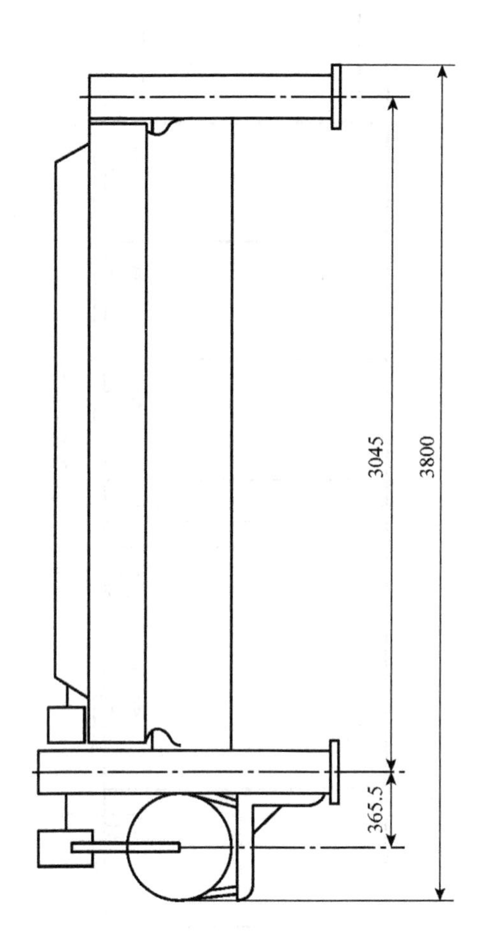

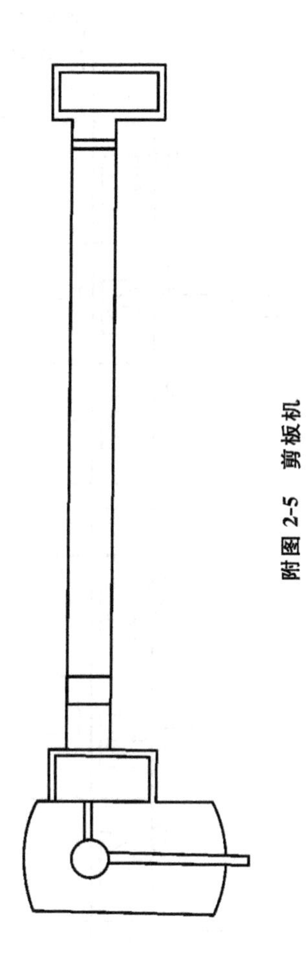

附图 2-5 剪板机

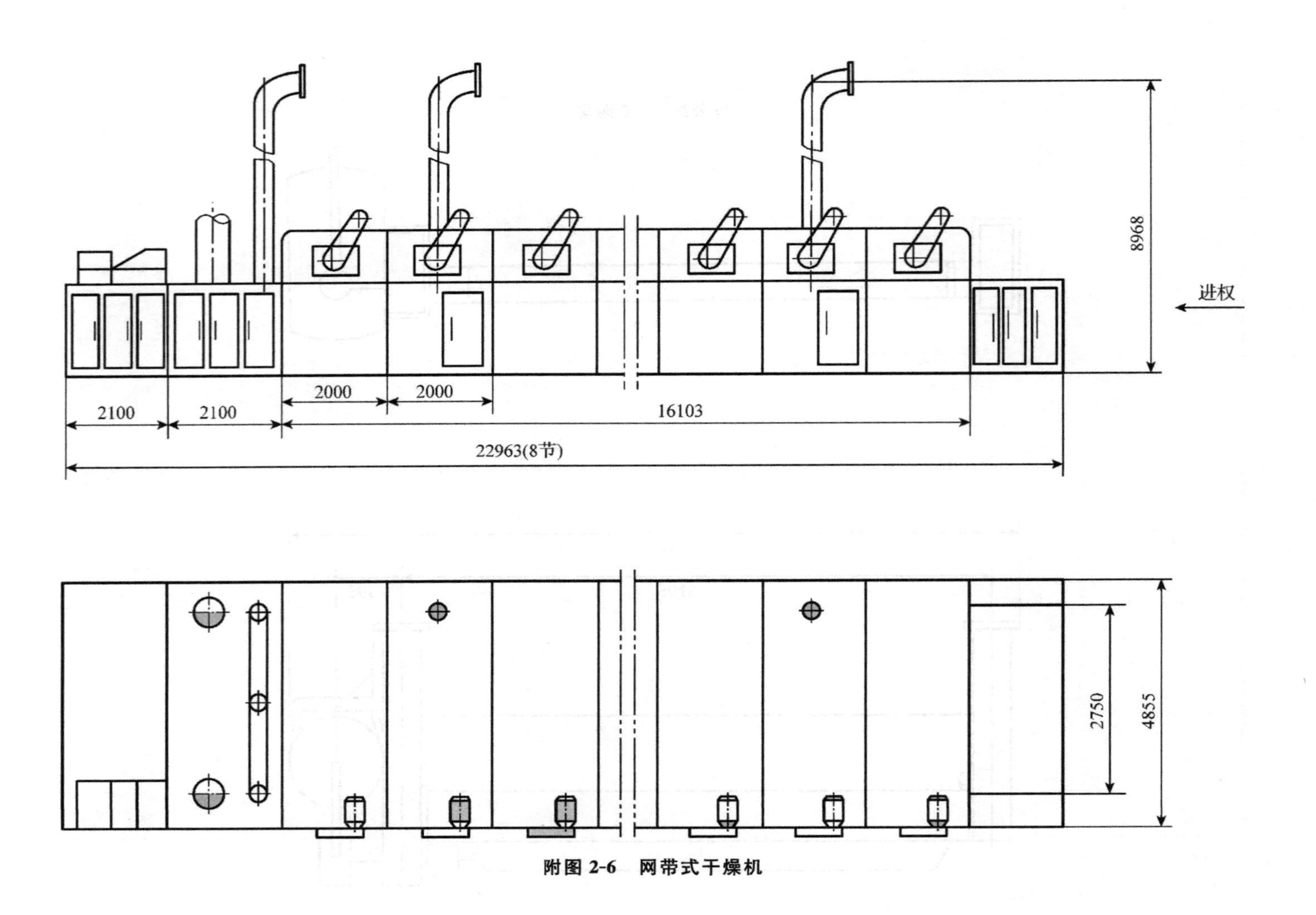

附图 2-6　网带式干燥机

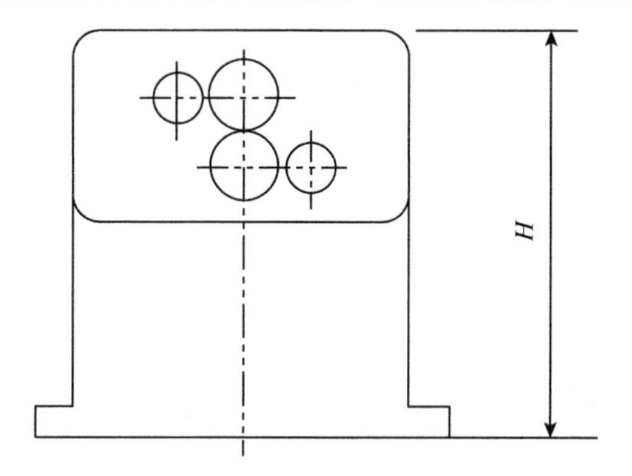

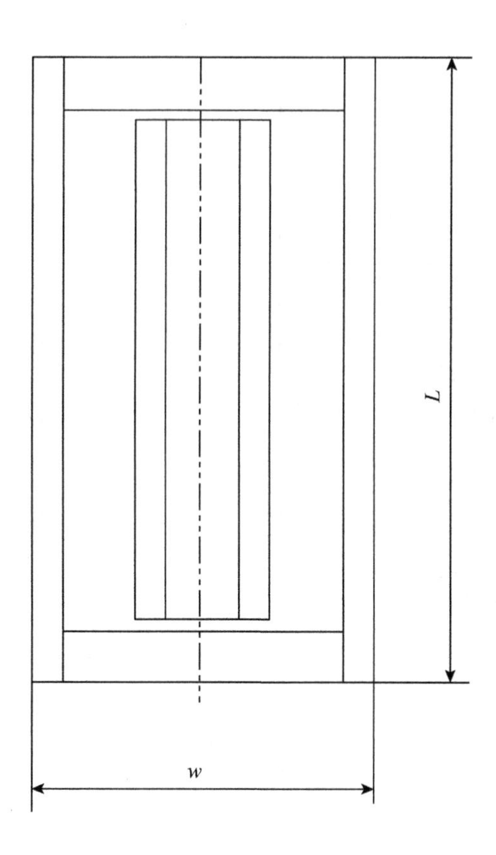

附图 2-7　四辊涂胶机

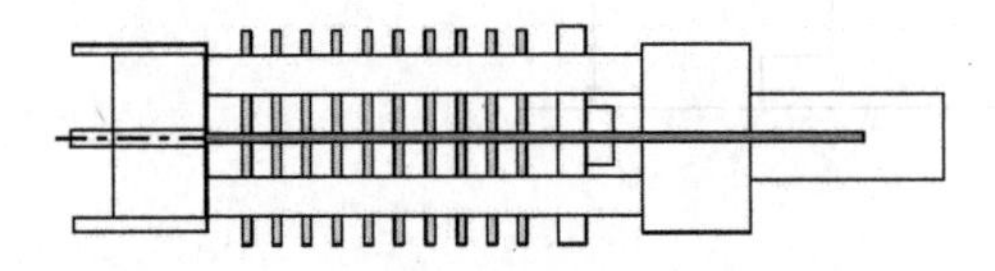

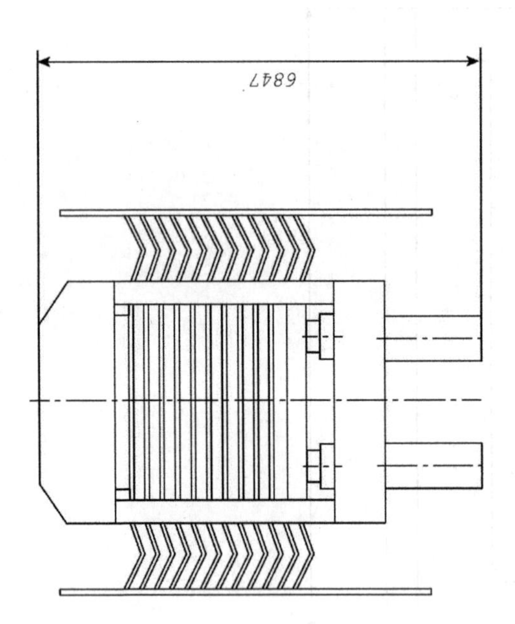

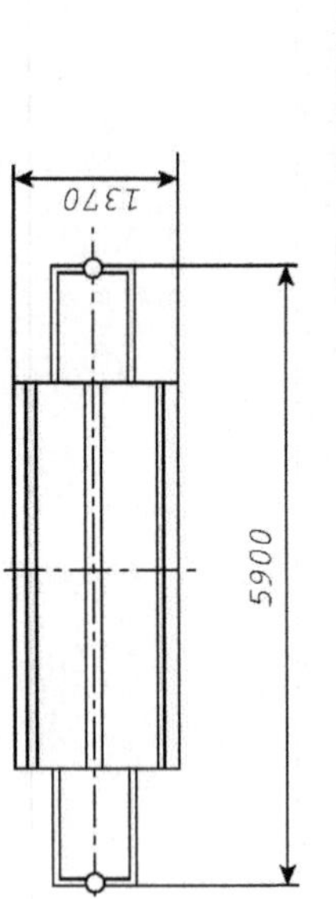

附图 2-8　多层热压机

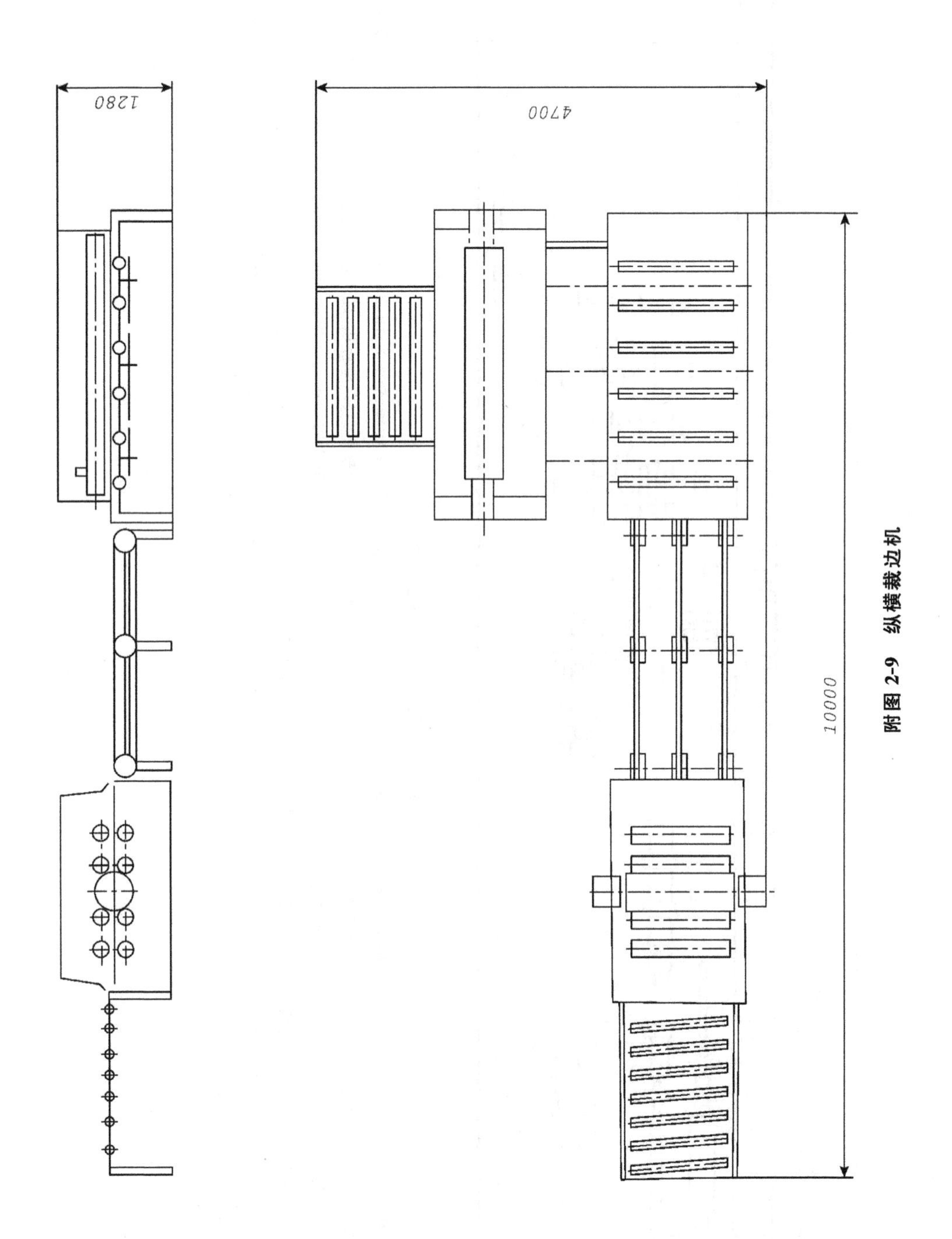

附图 2-9　纵横裁边机

2.7.3 车间平面布置图实例

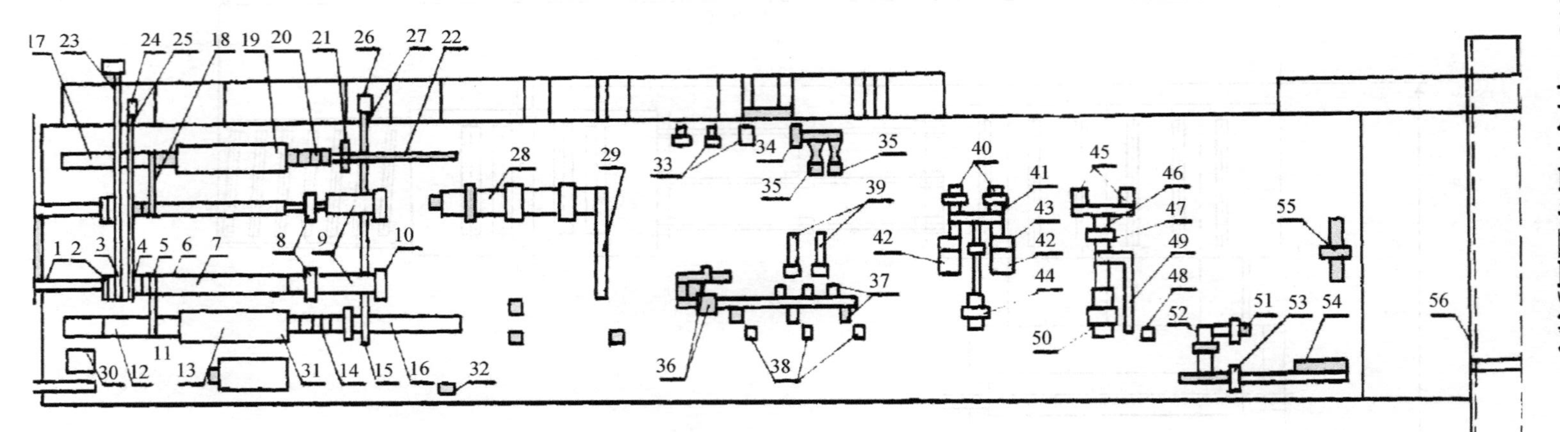

附图 2-10 胶合板车间平面布置图

1. 木段运输机 2. 定心设备 3. 旋切机 4. 卷板装置 5. 单板卷中间贮料台 6. 分选运输带 7. 三层单板输送带 8,15,21. 剪板机 9,22,29. 分等运输带 10. 单板托架 11,18. 单板传送装置 12,17. 单板卷贮存台 13,19. 单板干燥机 14,20. 单板冷却运输带 15. 剪板机 16. 分等运输带 23. 运输木芯的链式传送带 24. 湿废单板削片机 26. 干废单板削片机 27. 干废单板输送装置 28. 滚筒干燥机 30. 卧式刨切机 31. 横向网带干燥机 32. 剪切机 33. 自动挖补机 34. 斜面锯削机 35. 单板接长机 36. 铣床 37. 横向传送带 38. 纵向胶拼机 39. 横向胶拼机 40,45,48. 涂胶机 41. 滚筒式板坯传送带 42. 机械装料装置 43,47. 预压机 44. 30 层热压机 46. 滚筒传送带 49. 胶合板干燥机 50. 20 层热压机 51. 纵向裁边机 52. 横向裁边机 53. 砂光机 54. 分等设备 55. 纵割锯 56. 起重运输机

第3章　刨花板生产工艺设计

3.1　概述

刨花板生产工艺设计是根据用户提供的设计任务书，运用所学刨花板制造工艺专业知识，完成设计任务书中的工艺设计内容。

3.1.1　设计任务书

设计任务书中主要包括内容：

(1)设计产品的名称：刨花板；

(2)产品种类及规格：密度、厚度、长度、宽度、结构等；

(3)产品的年产量：m^3/年(m^3/y)；

(3)技术要求：各工序的控制、自动化程度、产品达到的要求；

(5)其他内容。

3.1.2　设计过程

(1) 确定检验生产能力

根据设计任务书中规定的年总产量，确定和检验热压机的生产能力。

(2) 拟定生产工艺流程

根据设计任务书中规定的产品种类与规格，确定合理的生产工艺流程。

(3) 计算原辅材料消耗量

计算生产刨花板所用原辅材料(包括木材、胶黏剂、添加剂等)的消耗量，以平衡产品产量与原材料的供应量。

(4) 选定设备及校验生产能力

根据各道工序半成品加工量选择合适的设备，确定设备的型号，并校验设备的生产能力。

(5) 绘制车间工艺平面布置图

根据确定的生产工艺流程和选定的设备，绘制平面布置图。

(6) 编写设计说明书

3.2　生产能力确定和验算

刨花板生产线由于热压机的投资较大，生产能力扩充不但受到技术的限制，同时对制造成本增加显著，并且在生产中对产品产量和质量起着非常重要的作用。因此，在设计中一般根据热压机的能力来确定整条生产线的生产能力，而其他设备根据热压机进行配套。目前，刨花板生产中所用热压机分周期式和连续式两大类，周期式热压机又分为单层压机和多层压机。对刨花板生产而言，年产量高时采用连续式压机和多层大幅面压机。在设计时，具体选用何种热压机要根据产量、产品规格和特殊工艺要求等条件而定。

刨花板热压机的产量除受设备本身结构限制外，热压工艺技术也是影响其产量的主要原因之一，因而相似结构的热压设备其生产厂家给出的生产能力相差很大，这就需要按照目前先进的热压技术进行合理的选择。

当刨花板采用周期式热压机时，其生产能力(Q)主要受压机幅面大小、压机层数、闭合速度、辅助时间等因素的影响。当采用连续式单层热压机时，其生产能力(Q)主要受热压机的长度、宽度和板坯输送带的最大运行速度等的影响，但没有辅助时间的影响。生产能力的计算如下：

(1)周期式热压机生产能力(Q)

$$Q = \frac{Y \cdot S \cdot T \cdot L \cdot B \cdot H \cdot K \cdot n \times 60}{Z}$$

式中：Y——年工作时间(天/年)；

S——天工作班数(班)；

T——班工作时间(h)；

L——刨花板的产品幅面长度(m)；

B——刨花板的产品幅面宽度(m)；

H——刨花板的产品成品厚度(m)；

K——热压机时间利用系数，一般为0.96～0.98(多层压机取下限，单层压机取上限)；

Z——热压周期(min)，一般为0.5min/mm(包括辅助时间1min)；

n——压机层数

(2)连续式热压机生产能力(Q')

$$Q' = \frac{Y \cdot S \cdot T \cdot \mu \cdot B \cdot H \cdot K}{1000}$$

式中：μ——热压机输送带的实际平均运行速度(m/min)；

热压机生产能力进行计算时，要注意以下两个问题：

① 产量与板材的厚度密切相关，通常以主产品厚度计；

② 产量与板材的热压周期密切相关，要以正常的热压时间作为计算基准。

3.3　生产工艺流程设计

生产工艺流程示意图是在物料平衡计算前进行绘制的，也称方框图，其主要作用是定性地表明从原料到成品的生产工艺路线和顺序。在根据设计任务书制定工艺流程示意图时，首先要考虑原料变成产品所需经过哪些工序操作，各工序操作的方案及所需的形式；其次要确定采用连续式还是间歇式操作方法。工艺流程要体现出技术先进、方案合理和经济实用。

工艺流程示意图不仅可以用方框文字示意图表示，而且还可以用简单的设备流程图(物料流程图)表示。由于没有进行计算，绘图时设备的大小没有比例要求。刨花板生产工艺流程如图3-1和3-2所示。

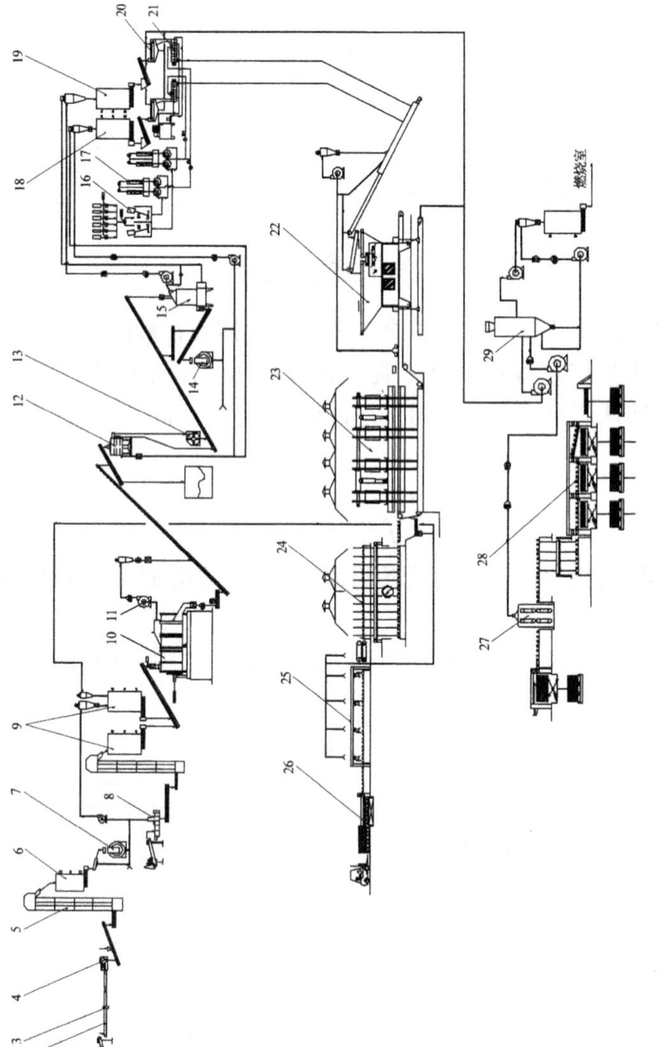

图 3-1　刨花板生产工艺流程简图

1. 链式上料机 2. 皮带运输机 3. 金属探测器 4. 削片机 5. 斗式提升机 6. 木片料仓 7. 环式刨片机 8. 长材刨片机 9. 湿刨花料仓 10. 干燥机 11. 排湿风机 12. 振动筛 13. 锤式破碎机 14. 精磨机 15. 风选机 16. 调胶系统 17. 胶液计量系统 18. 表层刨花料仓 19. 芯层刨花料仓 20. 电子皮带秤 21. 拌胶机 22. 铺装机 23. 单层热压机 24. 冷却架 25. 裁边分割系统 26. 堆垛机 27. 砂光机 28. 分等台 29. 除尘系统

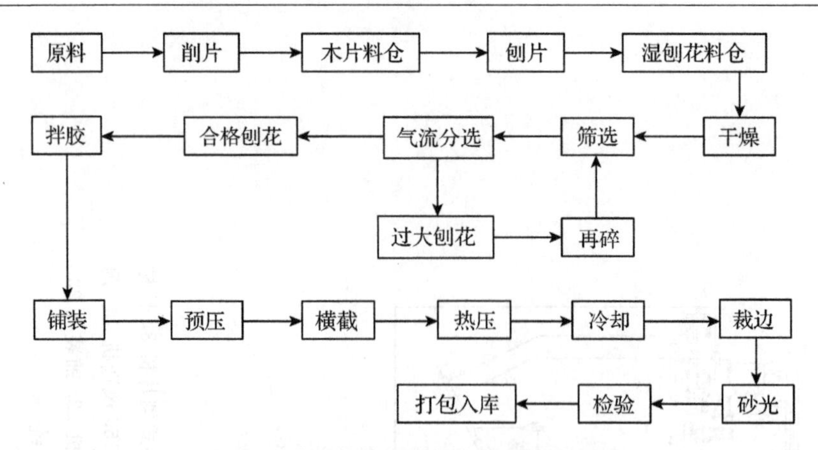

图 3-2 单层结构刨花板生产工艺流程图

3.4 原辅材料消耗量计算

各种产品生产过程的损耗几乎贯穿于整个工艺流程，体现在最终产品是哪个的原料损耗实际上是整个生产过程的累计损耗。在进行木材等原料需要量计算时，通常采用逆推法，即从产品的最后一道工序向前道工序推算，具体计算可参见2.4。

$$G_{n-1} = \frac{G_n}{1 - I_{n-1}}$$

原材料消耗包括木材消耗和化工原料消耗两大类。原料的消耗主要包括两部分的消耗，即生产产品的必要消耗和有技术、工艺和管理等原因造成的损耗，为提高原料利用率，必须把损耗部分降到最低限度。刨花板各道工序物料的损耗系数见表3-1。

表 3-1 刨花板各道工序物料的损耗系数(%)

		工序	损耗系数(%)
木材	加工过程	刨花制备	4.5
		干燥	3.5
		分选	3.5
		拌胶	0.2
		铺装、横截、热压	0.3
		裁边	2.3
		砂光	6.5

（续）

木材	原料种类	工艺木片	0
		薪炭材	1.2
		板皮、边条、截头	10.0
		碎单板	25.0
		工厂刨花	17.0
	运输		1.0
干树脂			1.2
防水剂			1.0
固化剂			1.0

3.4.1　木材需要量

每立方米刨花板消耗绝干木材量 q（kg/m^3）

$$q = \frac{r_0}{(1+\omega)(1+P+P_1+PP_2)}$$

式中：q ——每立方米刨花板消耗绝干木材量（kg/m^3）；

r_0——刨花板的密度（kg/m^3）；

w——刨花板的含水率（%）；

P——施胶量（%）；

P_1——防水剂的施加量（%）；

P_2——固化剂的施加量（%）。

值得注意的是，如刨花板为多层结构，则需按各层的密度、比例、含水率等设计参数分开计算。

年绝干木材消耗量 Q_g（kg/年）

$$Q_g = \frac{Q \cdot q}{(1-\rho')(1-\rho'')\sum_{i=1}^{n}(1-\rho_i)}$$

式中：Q——年产量（m^3/年）；

q——每立方米刨花板消耗绝干木材量（kg/m^3）；

ρ'——原材料种类不同而引起的损耗率（%），其中薪炭材约1.2%；

ρ''——运输损耗率（%），约为1.0%；

ρ_i——各工序损耗率（%）。

含水率为 W_m 木材年消耗量 Q_w（kg/年）

$$Q_W = Q_g(1+W_m)$$

式中：W_m——木材含水率（%）。

根据刨花板各工序所需木材量，编制木材利用率平衡表，格式如表3-2所示。

表 3-2 各工序需加工的木材原料的量(t)

序号	工序	人本工序绝干量	到下工序绝干量	损耗系数(%)
1	木材原料	—		—
2	刨花制备			4.5
3	干燥			3.5
4	分选			3.5
5	拌胶			0.2
6	铺装、横截、热压			0.3
7	裁边			2.3
8	砂光			9.1
9	入库量		—	—

3.4.2 胶黏剂消耗量

化工原料消耗包括胶黏剂和其他添加剂消耗(防水剂、固化剂、阻燃剂等)。计算时要注意:

刨花板的用胶量是以绝干刨花为计算基准,相对于绝干树脂而言的,损耗系数参见表 3-1;

固化剂用量是以绝干树脂为计算基准,相对于固体固化剂而言的;

防水剂用量以绝干刨花为计算基准,相对于固体石蜡而言的,损耗系数参见表 3-1。

(1)刨花板的年用胶量

刨花板年用胶量可按下式计算:

固体树脂量:

$$Q_{gm} = \frac{Q_s \cdot P}{1 - \rho_r}$$

式中:Q_{gm}——年消耗绝干树脂量(t/年);

Q_s——施胶工序年加工绝干刨花量(t/年);

P——树脂的施加百分率(%);

ρ_r——树脂总损耗率(%)。

液体树脂量:

$$Q'_{gm} = \frac{Q_{gm}}{E_r} \ (\mathrm{t/a})$$

式中:E_r———液体树脂浓度。

(2)刨花板的固化剂年用量

固化剂年用量可按下式计算:

$$Q_c = \frac{Q_g \cdot P_2}{1 - \rho_c}$$

式中:Q_c——年消耗固化剂量(t/年);

Q_g——年消耗绝干树脂量(t/年)；

P_2——固化剂施加率(%)；

ρ_c——固化剂损耗率(%)。

(3)刨花板的防水剂年用量

防水剂年用量可按下式计算：

$$Q_f = \frac{Q_s \cdot P_1}{1 - \rho_c}$$

式中：Q_f——年消耗防水剂量(t/年)；

Q_s——防水剂工序年加工绝干刨花量(t/年)；

P_1——防水剂的施加百分率(%)；

ρ_c——防水剂的损耗率(%)。

将以上各化工原料的需求量绘制成表，编制化工原料消耗量表，如表3-3。

表3-3　化工原料消耗量(t)

化工原料	用量	备注
UF树脂胶	设计资料中	浓度等
NH_4Cl固化剂	设计资料中	
石蜡防水剂	设计资料中	浓度等

3.5　设备选型及生产能力计算

完成工艺计算后，要根据工艺需要进行设备选型。由于设备制造厂可以为设计者提供包括生产能力、结构参数和动力消耗在内的详细资料，设计者对部分设备可以直接选型，但部分设备必须进行校核看是否能满足生产需要，防止设备效率系数过高或过低。

设备选型根据按以下原则进行：

(1)根据产品的性质、尺寸和产量选择设备的型号；

(2)根据需加工的原料或半成品数、机床的年加工量和工作班次计算机床台数；

设备计算台数，按公式进行计算：

$$C = \frac{m}{Q_0 \times G \times b}$$

式中：C——所需设备的台数(台)；

m——机床的年加工量(t)；

Q_0——机床的每班产吨(t/班)；

G——年工作天数，如280天(天)；

b——日工作班，如3班/天、2班/天。

(3)把算出的机床台数圆整成整数，然后计算出机床的负荷系数

$$\eta = \frac{C}{C'} \times 100\%$$

式中：C——理论计算机床台数(台)；

C'——圆整后机床的台数(台)。

3.5.1 削片机

木片的制备可采用削片机进行，如单鼓轮削片机，其技术性能如表3-4所示。

表3-4 单鼓轮削片机

序号	参数名称	单位	型号		
			*BX2112	BX218	*BX218
1	刀轮直径	mm	1160	800	800
2	刀轮转速	r/min	390	650	550
3	刀数	把	4	2	2
4	进料速度	m/s	30	37	38
5	生产能力	m^3/h(实积)	2	5(T干木片/h)	5
6	切削木片规格	mm	20~30	25~35	25~35
7	刀轮切削直径	mm	1200~1210		
8	总功率	W	40	121	115
9	外形尺寸	mm	3400×2100×2400	8670×2400×1330	6000×2500×1850
10	重量	kg	5000(带电机)	6700	7000
11	进料口尺寸(高×宽)	mm		220×650	225×680
12	喂料辊转速	r/min		37	38
13	生产厂家		镇江中福马机械有限公司	PALLMANN(帕尔曼)	镇江中福马机械有限公司

3.5.2 刨片机

刨片机分鼓式刨片机、环式刨片机等。其中，鼓式刨片机的技术性能如表3-5所示，环式刨片机的技术性能如表3-6所示。

表3-5 鼓式刨片机

序号	参数名称	单位	型号
			BX456
1	刀轴直径	mm	600
2	刀轴长度	mm	601
3	刀轴转速	r/min	980
4	生产能力	m^3/h	7.5
5	刀数	把	12
6	刀长	mm	57.6
7	进料速度	m/min	1.175(0.2mm厚刨花) 2.35(0.4mm厚刨花) 3.525(0.6mm厚刨花)

（续）

序号	参数名称	单位	型号
			BX456
8	进料口尺寸(长×宽)	mm	590×245
9	功率	W	78
10	外形尺寸(长×宽×高)	mm	2527×1505×2000
11	重量	kg	6127
12	生产厂家		昆明板机厂

表 3-6　环式刨片机

序号	参数名称	单位	型号				
			BX466	BX468	BX4612	BX4612/5	BX4614/4
1	刀环直径	mm	600	800	1200	1200	1400
2	刀片数	把	21	28	42	50	60
3	刀片长度	mm	225	300	375	463	463
4	刀环转速	rpm	50	50	50	50	
5	叶轮转速	rpm	1960	1450	935	1090	820
6	刨花厚度	mm	0.4-0.7	0.4-0.7	0.4-0.7	0.3-0.8	0.3-0.8
7	主电机功率	kw	75	132	200	250	250
8	生产能力	kg/h	700～900	1500～3000	2500～4000	4000～6000	5000～8000
9	重量	kg	3500	5800	8500	9500	11000
10	外形尺寸	mm	2800×2265×2110	3130×2512×2380	3443×2753×2840	3615×2595×3000	2340×3360×3430

3.5.3　再碎机

过大刨花的再碎可选用鼓式再碎机和锤式再碎机两种。其中鼓式再碎机的技术性能如表 3-7 所示，锤式再碎机的技术性能如表 3-8 所示。

表 3-7　鼓式再碎机

序号	参数名称	单位	BX326		BX328
1	刀辊直径	mm	650		800
2	刀辊转速	rpm	590	836	650
3	飞刀数	把	2		2
4	生产能力	m^3/h	5～30		6～30
5	进口碎料尺寸	mm	300×600		892×350
6	再碎后木片长度	mm	12-35		12-40
7	主电机功率	kw	37-45		55
8	总重	kg	2300		3540
9	切削原料		过大木片、木材短料、截头等		
10	进料方式		上进料		

表 3-8 锤式再碎机

<table>
<tr><th rowspan="2">序号</th><th rowspan="2">参数名称</th><th colspan="10">型号</th></tr>
<tr><th>BX348</th><th>BX348A</th><th>BX349</th><th>BX3410</th><th>BX3410/12</th><th colspan="2">BX3413</th><th>BX3413/13</th><th>BX4812</th><th>BX3812/20</th></tr>
<tr><td>1</td><td>转子直径(mm)</td><td>850</td><td>850</td><td>925</td><td>960</td><td>1000</td><td colspan="2">1350</td><td>1300</td><td>1200</td><td>1200</td></tr>
<tr><td>2</td><td>转子转速(rpm)</td><td>1050</td><td>1050</td><td>1150</td><td>1480</td><td>1160</td><td colspan="2">740</td><td>880</td><td>1250</td><td>1100</td></tr>
<tr><td>3</td><td>锤片数(头)</td><td>696</td><td>372</td><td>3</td><td>28</td><td>28</td><td colspan="2">696</td><td>32</td><td>198</td><td>342</td></tr>
<tr><td>4</td><td>生产能力(kg/h)</td><td>5000</td><td>2500</td><td>40</td><td>2000～3000</td><td>5000～10000</td><td>80 m^3/h</td><td>50 m^3/h</td><td></td><td>3000</td><td>6000～8000</td></tr>
<tr><td>5</td><td>喂料口尺寸(mm)</td><td>2034×600</td><td>1213×600</td><td>Φ940</td><td>300×900</td><td>350×1050</td><td>1052×900</td><td>902×900</td><td>400×1250</td><td>1220×430</td><td>420×2000</td></tr>
<tr><td>6</td><td>主电机功率(kW)</td><td>75</td><td>55</td><td>45</td><td>160</td><td>160</td><td colspan="2">132</td><td>250</td><td>200</td><td>250</td></tr>
<tr><td>7</td><td>总重(kg)</td><td>3425</td><td>2446</td><td>3500</td><td>12000</td><td>12000</td><td colspan="2">7023</td><td>16000</td><td>6000</td><td>6300</td></tr>
<tr><td>8</td><td>外形尺寸(mm)</td><td>2034×600×1230</td><td>1784×1370×1230</td><td>2400×1400×1300</td><td>3980×2480×1900</td><td>2850×2799×1482</td><td colspan="2">2874×2092×1692</td><td>3490×3060×1840</td><td>3246×3246×1885</td><td>2980×2000×1885</td></tr>
<tr><td>9</td><td>切削原料</td><td>刨花</td><td>刨花</td><td>树皮</td><td>枝丫材、原木、小径木等</td><td>短料头、板皮、家具下脚料等</td><td colspan="2">棉秆</td><td>短料头、板皮、家具下脚料等</td><td>木片</td><td>木片</td></tr>
<tr><td>10</td><td>进料方式</td><td>上进料</td><td>上进料</td><td>上进料</td><td>水平强制进料</td><td>水平强制进料</td><td colspan="2">上进料</td><td>水平强制进料</td><td>上进料</td><td>上进料</td></tr>
</table>

3.5.4　打磨机

筛环式打磨机的主要技术参数如表 3-9 所示。

表 3-9　筛环式打磨机

序号	参数名称	单位	型号			
			BX566	BX568	BX5610	BX5612 BX5612A
1	磨筛环直径	mm	600	800	1000	1200
2	筛环宽度	mm	150	175	180	210
3	筛网宽度	mm	100 ×2	110 ×2	160 ×2	180 ×2
4	叶轮转数	rpm	2950	2320	1850	1450
5	主电机功率	kW	55	90	132	200
6	生产率	kg/h	300 ~ 800	500 ~ 1000	800 ~ 1600	1400 ~ 2600
7	重量	kg	1500	2050	2500	3500
8	外形尺寸（长×宽×高）	mm	1775 ×1500 ×2150	2120 ×1867 ×2035	2585 ×2200 ×2315	2700 ×2520 ×2785

3.5.5　干燥机

滚筒式干燥机的主要技术参数如表 3-10 所示。

表 3-10　滚筒式干燥机

序号	参数名称	型号	
		BG2121	* BG2116
1	干燥筒直径(mm)	2100	1600
2	干燥筒长度(mm)	8800	7300
3	干燥筒转速(r/min)	2. 39 ~ 11. 9	4 ~ 20
4	生产能力(kg/h)	1000	400 ~ 560(kg 水/h)
5	蒸汽压力(kg/cm^2)	10 ~ 13	10 ~ 13
6	蒸汽管直径(mm)	Φ57	Φ57
7	总加热面积(m^2)	220	80
8	总功率(W)		18. 5
9	外形尺寸(长×宽×高)(mm)	11830 ×3040 ×5750	13000 ×4200 ×5013
10	重量(kg)	30800	
11	生产厂家	昆明板机厂	吉林四平锅炉厂

3.5.6　木片摇筛

木片摇筛的主要技术参数如表 3-11 所示。

表 3-11　木片摇筛

序号	参数名称	单位	型号				
			BF1420A	BF1420E	BF14100	BF14120	BF14150
1	筛选层数	层	3	3	3	3	3
2	筛孔尺寸（上层）	mm	Φ35Φ40Φ45	65×65	65×65	60×60	65×65
3	筛孔尺寸（中层）	mm	Φ5	Φ4	Φ4	Φ4	Φ4
4	筛选面积	m^2	2.65	8	10	12.5	15
5	生产能力（木片堆积）	m^3/kg	15	100～130	150～200	250～300	300～350
6	电机功率	kg/h	4	7.5	11	11	15
7	外形尺寸（直径×高）	mm	2700×1560×1580	5250×2670×1880	5650×3210×2250	6710×3240×2650	6500×3950×2600
8	重量	kg	1800	3500	3750	6250	7000

3.5.7　风选机

刨花的分选采用风选机进行，风选机的主要技术参数如表 3-12 所示。

表 3-12　风选机

序号	参数名称	单位	风选机
			2.5RR
1	上孔板面积	m^2	2.5
2	下孔板面积	m^2	2.5
3	上孔板孔径	mm	Φ2
4	下孔板孔径	mm	Φ5
5	最大风选能力	kg（绝干刨花）/h	3000
6	风机型号		51M560
7	风量	m^3/h	22500
8	风压	mm 水柱	350
9	主轴转速	r/min	24
10	功率	W	41.8
11	外形尺寸（直径×高）	mm	Φ1809×5010
12	生产厂家	德国 Sehenkmann&Piel	

3.5.8　仓料

立式仓料的主要技术参数如表 3-13 所示。

表 3-13　立式仓料

序号	参数名称	单位	型号			
			BLC2350	BLC2630	BLC2715	BLC2415
1	容积	m^3	50	30	15	15
2	出料量	m^3/h	2.36～7.09	3.92～11.78	1.18～3.55	1.18～3.55
3	出料方式		双螺旋双向出料	左向或右向螺旋出料	左向或右向螺旋出料	左向或右向螺旋出料
4	装机容量	kW	11.5	8.5	7.7	7.7
5	外形尺寸	m×m×m	6.5×5.1×8.72	5.1×4.8×6.72	5.1×4.85×4.72	5.1×4.85×4.72
6	整机质量	kg	9323	8418	6645	6645

3.5.9　拌胶机

拌胶机的主要技术参数如表 3-14 所示。

表 3-14　拌胶机

序号	参数名称	型号			
		BS121(BS121A)	BS121	BS122	BS226
1	生产能力(kg/h)	500～4000	1115	2300	
2	主轴转速(r/min)	1470	960	960	55(主浆) 352(副浆)
3	冷却方式	水冷	水冷	水冷	
4	冷却水量(m^3/h)	2.5	3.5	3.5	
5	功率(W)	22 (30 BS121A)	37	18.5	9.5(主浆) 0.6(副浆)
6	外形尺寸(长×宽×高)(mm)				4500×1040×2060
7	重量(kg)	1000(带电机)			1273
8	喷胶嘴内径(mm)				6
9	喷胶嘴个数				8
10	生产厂家	昆明板机厂	Bison	Bison	大连第二轻工机械厂
11	备注		北京木材厂	北京木材厂	
12	喷胶室内径(mm)		Φ580	Φ580	

3.5.10　气流铺装机

气流铺装机的主要技术参数如表 3-15 所示。

表 3-15 气流铺装机

序号	参数名称	型号	
		BP3725	BP3313
1	铺装宽度(mm)	2490	1260
2	铺装能力(T/h)	3.5	4000(m^3/年)
3	板坯结构	渐变	渐变
4	总功率(W)	65.125	24.6
5	总进风量(m^3/h)	20170	4200~6000
6	设备移动距离(mm)	8295	
7	单侧风栅通风面积(mm^2)	134400	
8	中部风栅平均风速(m/s)	1.5	
9	风选速度(m/s)		1.8~2.5
10	喷嘴口平均风速(m/s)		3.6~6
11	外形尺寸(长×宽×高)(mm)	13950×3016×6325	15450×6145×4391
12	生产厂家	Bison	福建南平林机厂
13	重量(kg)	18000	

3.5.11 滚筒预压机

滚筒预压机的主要技术参数如表 3-16 所示。

表 3-16 滚筒预压机

序号	参数名称	型号	
		BY8313	BY1313
1	预压宽度(mm)	1270	1300
2	预压厚度(mm)	0~200	15~40
3	预压速度(m/min)	0.408~2.41	0.92~2.76
4	生产能力(m^3/年)	18000(按 19mm 板厚计)	
5	大预压辊规格(直径×长)(mm)	Φ800×1350	
6	大预压辊最大线压力(kg/cm)	230	
7	功率(W)	13	10
8	外形尺寸(长×宽×高)(mm)	22000×3800×2870	4200×3030×2800
9	重量(T)	36	18
10	生产厂家	昆明板机厂	山东平度木工机械厂
11	单机价格(万元)	15.5	8.5

3.5.12 横(纵)截锯

横(纵)截锯的主要技术参数如表 3-17 所示。

表 3-17　横(纵)截锯

序号	参数名称	型号		
		BHJ 1117	BHJ 1115	BHJ116
1	锯片移动行程(mm)	1840	1840	1840
2	锯片移动方向与板坯横向夹角	29.5°	31°12′(3′×7′) 20°22′(2′×4′) 35°42′(4′×8′)	30°
3	锯片回转线速度(m/s)	29.5	29.5	27.3
4	锯片规格(直径×厚)(mm)	Φ400×3	Φ400×3	Φ370
5	锯片移动电机功率(W)	3	3	3
6	锯片回转电机功率(W)	1.5	2.2	1.5
7	锯片移动速度(m/min)	4.6~13.8	4.04~12.1	4.04~12.1
8	重量(kg)	1200	1200	
9	生产厂家	苏福马机械有限公司	西北板机厂	莱芜轻工塑料机械厂

3.5.13　热压机

热压机台数的计算按3.2进行，热压机的主要技术参数如表3-18所示。

表 3-18　热压机

序号	参数名称	型号	
		BY628×24	BY615×9
1	压板尺寸(长×宽×厚)(mm)	2550×7445×90	2600×1480×70
2	公称压力(T)	6450	2000
3	压板间距(mm)	250	19~250
4	工作油缸数量(个)	10	6
5	工作油缸直径(mm)	Φ450	
6	返回油缸数量(个)	6	4
7	返回油缸直径(mm)	Φ125	
8	总功率(W)	85	272.24 (32电加热管功率) (150高频功率)
9	板面温度(℃)	200±5	
10	外形尺寸(长×宽×高)(mm)	7445×5200×6712	3850×2730×4666
11	重量(T)	275	35
12	生产厂家	Qieffen bacner	大连红旗机械厂

3.5.14　裁边机

裁边机的主要技术参数如表3-19所示。

表 3-19 裁边机

序号	参数名称	型号		
		BY134 × 7/8	BY134 × 7/12	BY124 × 8/13
1	锯片工作宽度(mm)	1830 ~ 2440	915 ~ 1220	980 ~ 1590(纵截) 1860 ~ 2480(横截)
2	锯片厚度(mm)	19 ~ 21	19 ~ 21	10 ~ 25
3	锯片规格(直径 × 厚)(mm)	Φ300 × 4	Φ300 × 4	Φ250 × 3 或 Φ300 × 3
4	锯片回转线速度)(m/s)	65. 4	65. 4	5720(r/min)
5	送料压辊线速度(m/min)	14. 14	14. 14	12
6	回转电机功率(W)	2 台 × 5. 5	2 台 × 5. 5	4
7	送料电机功率(W)	1. 6	1. 6	2. 2
8	设备重量(kg)	1130	861	
9	外形尺寸(长 × 宽 × 高)(mm)			10721 × 4611 × 1000
10	生产厂家	西北板机厂	西北板机厂	上海东升机械厂
11	总功率(W)			20. 4

3. 5. 15 砂光机

砂光机的主要技术参数如表 3-20 所示。

表 3-20 宽带式砂光机

序号	参数名称	型号	
		BSG2316	BSG2316
1	最大工作宽度(mm)	1600	1600
2	最大加工厚度(mm)	3 ~ 50	2. 7 ~ 25
3	砂带规格(宽 × 长)(mm)	1650 × 2620	1650 × 2600
4	进料速度(m/min)	18 ~ 60	18 ~ 60
5	砂带速度(m/min)	1088(第 1# 砂带) 1280(第 2#, 3# 砂带)	1100
6	电机功率(W) 第 1 台砂架 第 2 台砂架 第 3 台砂架	 40 40 30	 37 37 30
7	生产能力(按日工作四小时算)(m^2/年)	(4′ × 8′)3581000 (5′ × 10′)4477000 (按 40m/min 进料计算)	
8	设备重量(kg)	15000	
9	外形尺寸(mm)	2737 × 4476 × 3321	
10	生产厂家	牡丹江木工机械有限责任公司	日本、名南制作所
11	总功率(W)	118. 42	110. 25

除了上述刨花板生产所需主要设备外，其他辅助设备（如运输设备等）可根据生产实际情况配套。根据上述选定的设备，将其列于下表中。

表3-21　设备明细表

序号	设备名称	型号	规格性能	数量	备注

3.6　车间平面布置图的绘制

车间平面布置的基本原则应用运筹学和人体工程学的理论，整个平面有利于提高劳动生产率，有利于实现安全生产，有利于减少占地面积。车间平面布置图的绘制包括以下4个方面：

(1)确定厂房面积及结构(跨度及柱子位置)，

(2)确定设备在车间中的位置，

(3)原料、半成品和成品的运输设备及位置，

(4)原料、半成品和成品的贮存位置。

在绘制车间片面步骤图的过程中，具体要求为：

(1)设备布置应与工艺流程一致；

(2)设备布置应保证运输和人员通行的畅通；

(3)设备与设备之间的距离：1.5 ~3.0m(操作面)、1.0 ~1.2m(非操作面)，设备与柱、墙间的距离：1.5 ~2.5m(操作面)、0.8 ~1.0m(非操作面)；

(4)车间内设电工间、维修间、磨刀间和试验室等辅助生产设施，并设办公室、休息室及其他生活设施；

(5)在考虑车间布置时，必须同时考虑有关建筑方面的问题，应符合建筑标准，在图上应画出门、窗及墙。

(6)按比例制图。

3.7 附录

3.7.1 年产5万 m^3 刨花板生产线典型设备配置

附表3-1 年产3万 m^3 刨花板生产线设备明细表

序号	设备名称	型号或代号	数量	单位
一	备料工段			
1-1	皮带运输机	按工艺参数设计	2	台
1-2	刀辊切断机	ZCQ4	2	台
1-3	刮板运输机	BZY428/14	2	台
1-4	锤式粉碎机	BX3412/11	2	台
1-5	物料风机	MQS5-54NO. 8C	2	台
1-6	旋风分离器	BFL-8-2240	2	台
1-7	下料器	RV-9	2	台
1-8	螺旋运输机	BZY214/9	1	台
1-9	气流分选机	BF214	2	台
1-10	物料风机	MQS5-54NO. 8C	2	台
1-11	旋风分离器	BFL-8-2240	2	台
1-12	下料器	RV-9	2	台
1-13	料仓	BLC11100A	1	台
1-14	刮板运输机	BZY427/16	1	台
1-15	备料工段电控	按工艺参数设计	1	套
二	干燥分选工段			
2-1	下料器	RV-10	1	台
2-2	双转子式刨花干燥机	BG2427	1	台
2-3	排湿风机	C4-73NO5. 5	1	台
2-4	旋风分离器	BFL-4-1500	1	台
2-5	下料器	RV-5	1	台
2-6	水分自动测试系统		2	套
2-7	防火螺旋运输机	BZY2250/7	2	台
2-8	矩形摆动筛	BF149	2	台
2-9	螺旋运输机	BF149	2	台
2-10	精磨机		1	台
2-11	物料风机	MQS5-54NO. 10C	1	台
2-12	旋风分离器	BFL-8-2600	1	台
2-13	下料器	RV-10	1	台
2-14	热油二次循环	YEX100A	1	套
2-15	物料风机	MQS5-54NO. 8C	1	台
2-16	旋风分离器	BFL-8-2300	1	台
2-17	下料器	RV-9	1	台
2-18	干刨花料仓	BLC2250	2	台

（续）

序号	设备名称	型号或代号	数量	单位
2-19	干燥分选工段电控	按工艺参数设计	1	套
三	配胶施胶工段			
3-1	螺旋运输机	BZY215/35	2	台
3-2	电子计量运输机	按工艺参数设计	2	套
3-3	连续式喷胶机	BS223A	2	台
3-4	螺旋运输机	BZY215/5	1	台
3-5	斗式提升机	TH630-ZH	2	台
3-6	斗式提升机	TH630-ZH	2	台
3-7	干刨花料仓	BLC2250A	1	台
3-8	皮带运输机	BZY1150/8C	1	台
3-9	皮带运输机	BZY1150/9C	1	台
3-10	分料器	XM. BH-14	1	台
3-11	皮带运输机	BZY1150/9A	1	台
3-12	皮带运输机	BZY1140/8	1	台
3-13	料仓	按工艺参数设计	2	台
3-14	自动供料系统	按工艺参数设计	1	套
3-15	皮带运输机	BZY1150/15	1	台
3-16	螺旋运输机	BZY215/5A	1	台
3-17	料仓	BLC2230C	1	台
3-18	配料施胶工段电控	按工艺参数设计	1	套
四	铺装成型工段			
4-1	板坯运输机	BZY11200/47	1	台
4-2	表层铺装机	BP3619	2	台
4-3	链式垫板运输机	BZY4620/9	1	台
4-4	增湿装置	BSJ-20	2	套
4-5	分级铺装机	BP3620/5	1	台
4-6	机械铺装机	BP3119/3	1	台
4-7	物料风机	MQS5-54NO. 8C	1	台
4-8	旋风分离器	BFL-8-2500	2	台
4-9	下料器	RV-9	2	台
4-10	连续式预压机	BY8320/20	1	台
4-11	移动式板坯横截锯	BHJ1220	1	台
4-12	加速运输机	XM. BH-17/20-2	1	台
4-13	板坯计量系统	BJL1720	1	台
4-14	多余平皮带运输机	BZY1753/3A	1	台

（续）

序号	设备名称	型号或代号	数量	单位
4-15	多条平皮带运输机	BZY1720/6A	2	台
4-16	皮带运输机	BZY1150/6	2	台
4-17	装板机	BZX116 ×18/14	1	台
4-18	热压机	BY126 ×18/31-14	1	台
4-19	卸板机	BZY136 ×18/14	1	台
4-20	垫板分离装置	XM. BH-15A	1	台
4-21	过渡辊台	XM. BH-19A	1	台
4-22	纵向进料辊台	BZY3120/6	1	台
4-23	凉板机	BFJ1320/60	1	台
4-24	纵向出料辊台	BZY3820/6	1	台
4-25	物料风机	MQS5-54NO. 6C	1	台
4-26	旋风分离器	BFL-5-1600	1	台
4-27	下料器	RV-5	1	台
4-28	纵横裁边截断机	BC3220/55	1	台
4-29	干板运输机	BZY3520/6 左	1	台
4-30	纵向滚筒升降台	BSJ146 ×9/3	1	台
4-31	堆垛机	BDD116 ×9	1	台
4-32	辊台	XM. BH-12/6 ×9	1	台
4-33	链式运输机	BZY416/7A	1	台
4-34	滚筒运输机	BZY3620/6	1	台
4-35	多条平皮带运输机	BZY1720/7	8	台
4-36	板坯回收装置	BHS125A	1	台
4-37	翻板运输机	XM. BH-16A	1	台
4-38	滚轮运输机	BZY3020/6	1	台
4-39	多条平皮带运输机	BZY1720/7C	1	台
4-40	垫板清扫装置	BQL1320	1	台
4-41	多条平皮带运输机	BZY1720/7D	1	台
4-42	垫板调换站	XM. BH-13A	1	台
4-43	多条平皮带运输机	BZY1720/7E	1	台
4-44	链式运输机	BZY416/7	1	台
4-45	铺装成型工段电控	按工艺参数设计	1	套
4-46	垫板	按工艺参数设计	1	套
4-47	闭路监视保护系统	按工艺参数设计	1	套
4-48	多条平皮带运输机	BZY1720/6A	2	台

附表 3-2 年产 3 万 m^3 定向刨花板生产线设备明细表

序号	设备名称	型号或代号	数量	单位
1	刀轴式刨片机	BX446A	2	台
2	盘式刨片机	按工艺设计		
3	锤式再碎机	BX348	1	台
4	湿刨花料仓	BLC2650	2	台
5	单通道干燥机	BG2122	2	台
6	筛选机	按工艺设计		
7	风送机	按工艺设计	2	台
8	回转下料器	RV-VI	4	台
9	旋风分离器	按工艺设计	2	台
10	回转筛	BF1118	1	台
11	芯层料仓	BLC2750	1	台
12	打磨机	BX568	1	台
13	表层料仓	BLC2450	1	台
14	环式拌胶机	BS1238	1	台
15	滚筒式拌胶机	BS133	1	台
16	调供胶系统	按工艺设计	1	台
17	气流铺装机	BP3313	2	台
18	定向铺装机	BP3813A	1	台
19	均平辊	BJP10113	1	台
20	移动式横截锯	BHJ1114	1	台
21	磁选装置	BXC1414	1	台
22	板坯运输机	BZY4514/80	1	台
23	废板坯回收机	BHS123	1	台
24	预压机	BY814/10	1	台
25	装板机	BZX114×16/8	1	台
26	热压机	BZX114×16/25	1	台
27	卸板机	BZX114×16/4	1	台
28	辊台运输机	BZY3512/7	3	台
29	纵横锯边机	BQB3313/49A	1	台
30	出板辊台运输机	BSY3512/5	1	台
31	液压升降台	BSJ124×8/2	1	台
32	翻板冷却机	BH4239	1	台
33	工艺电控系统	进口 PLC		台

3.7.2　主要设备外形图

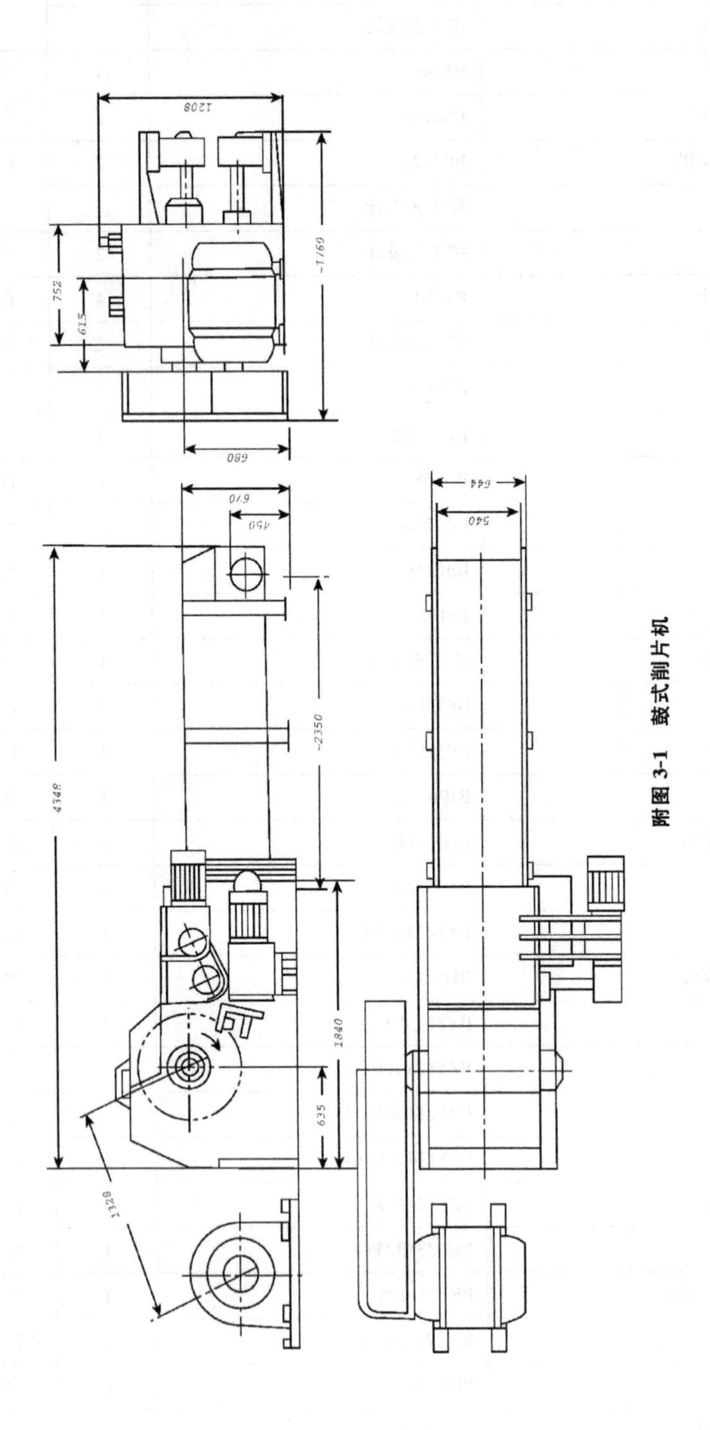

附图 3-1　鼓式削片机

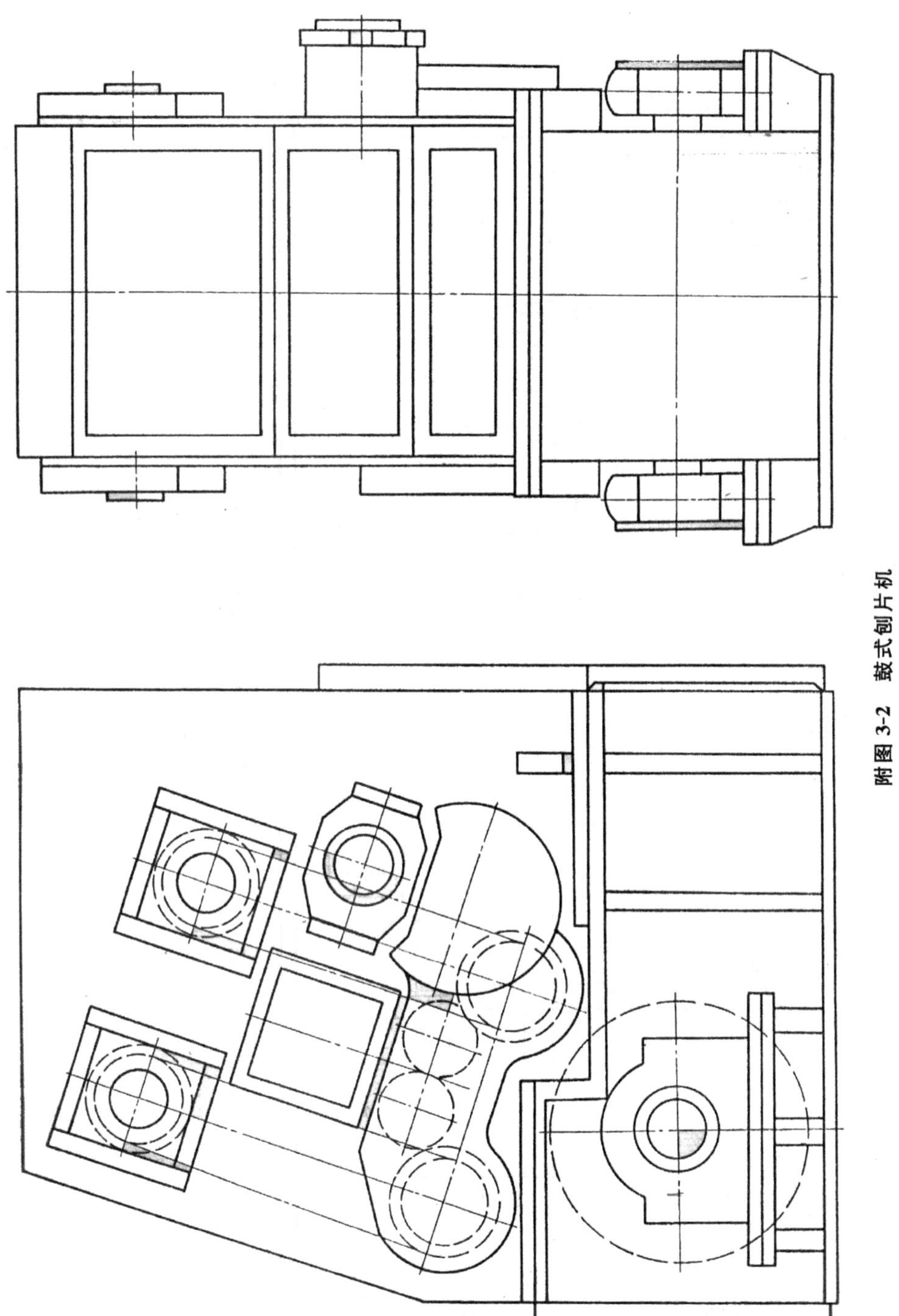

附图 3-2　鼓式刨片机

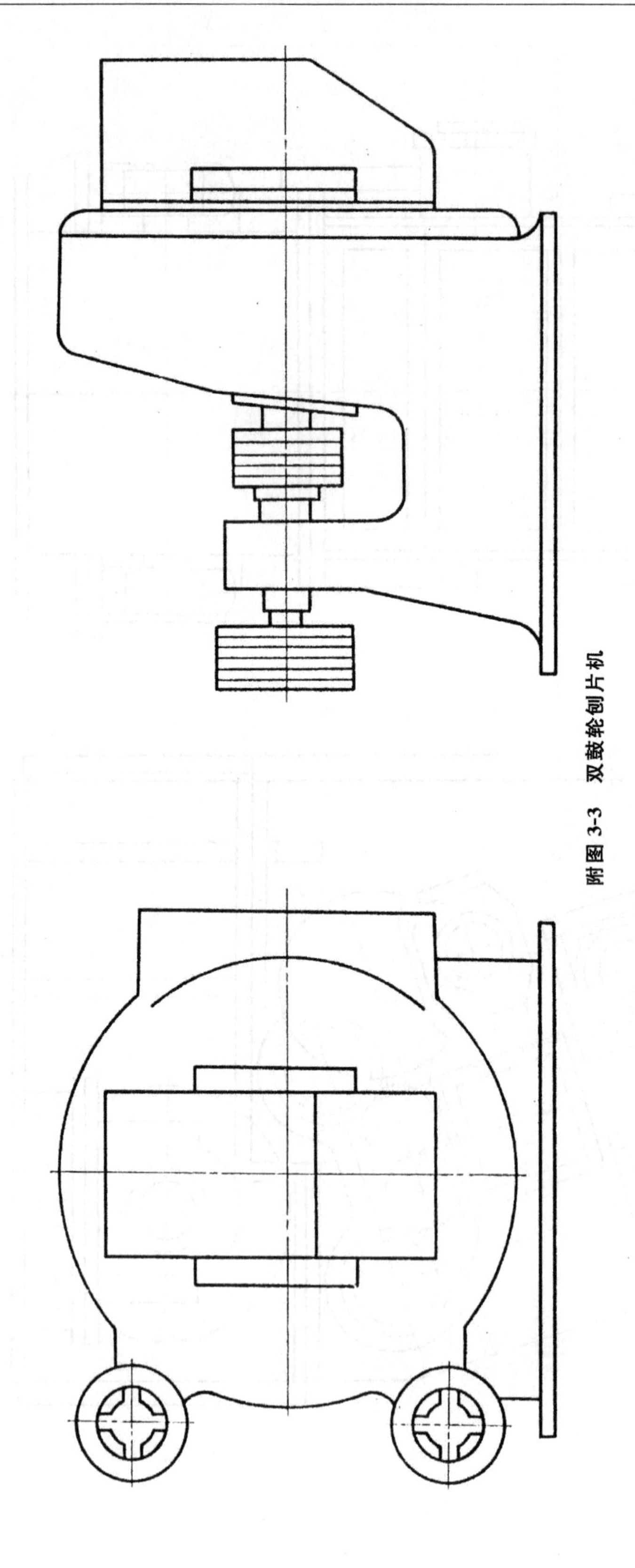

附图 3-3　双鼓轮刨片机

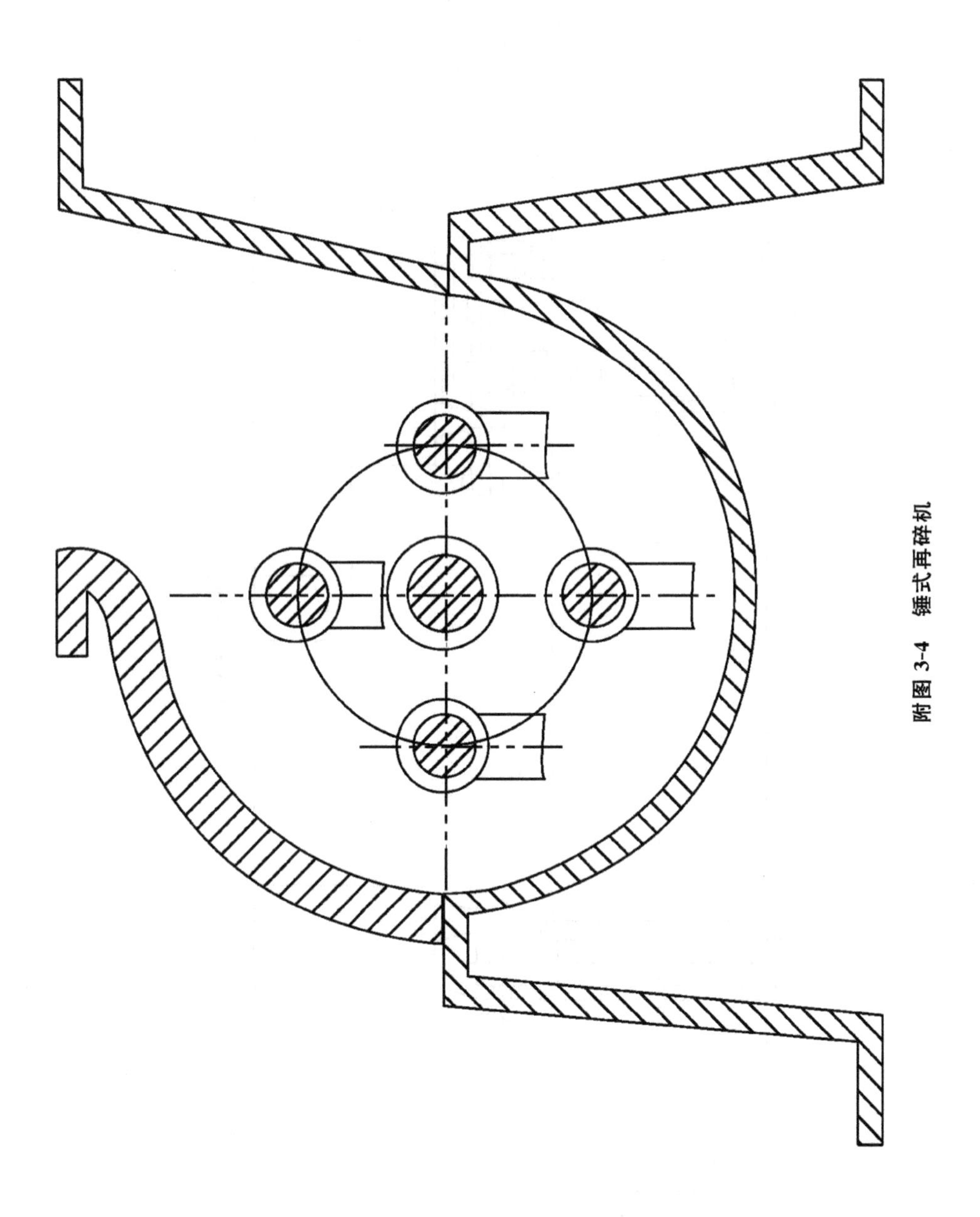

附图 3-4　锤式再碎机

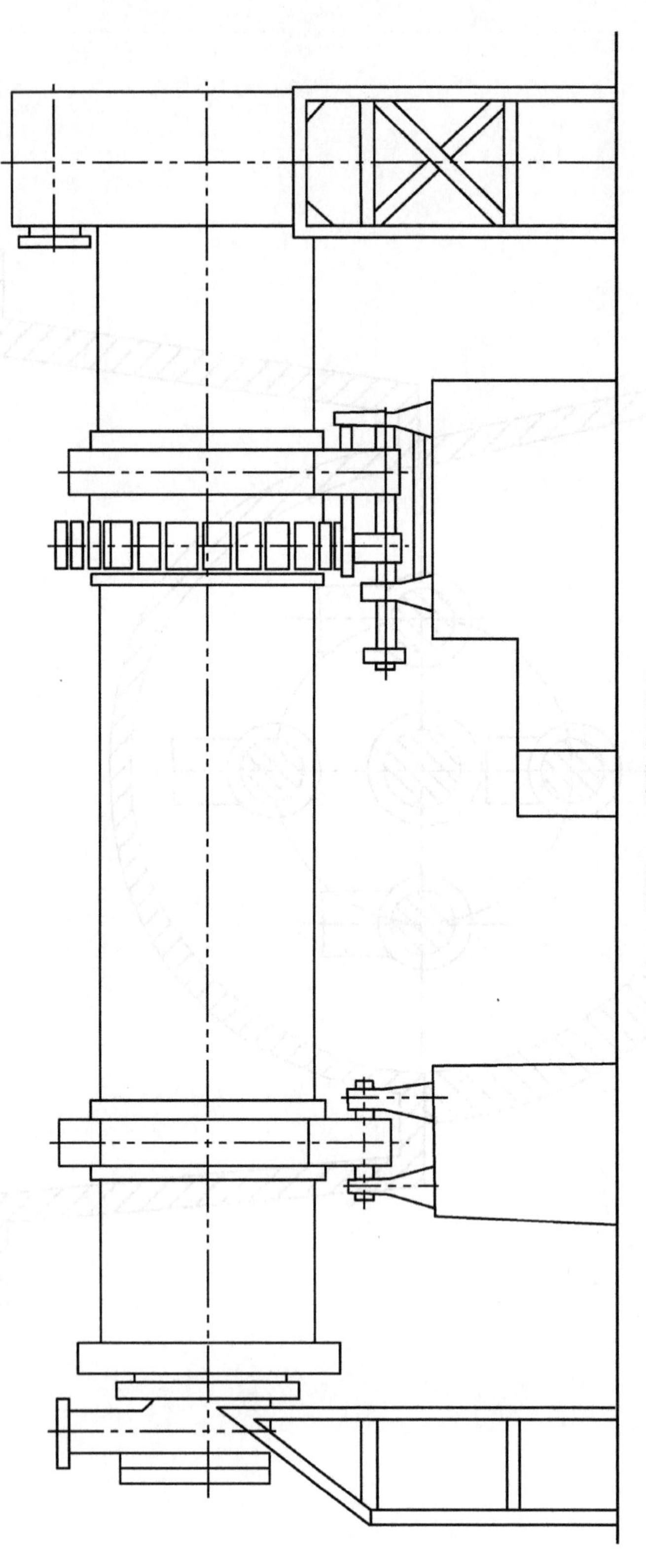

附图 3-5　滚筒式干燥机

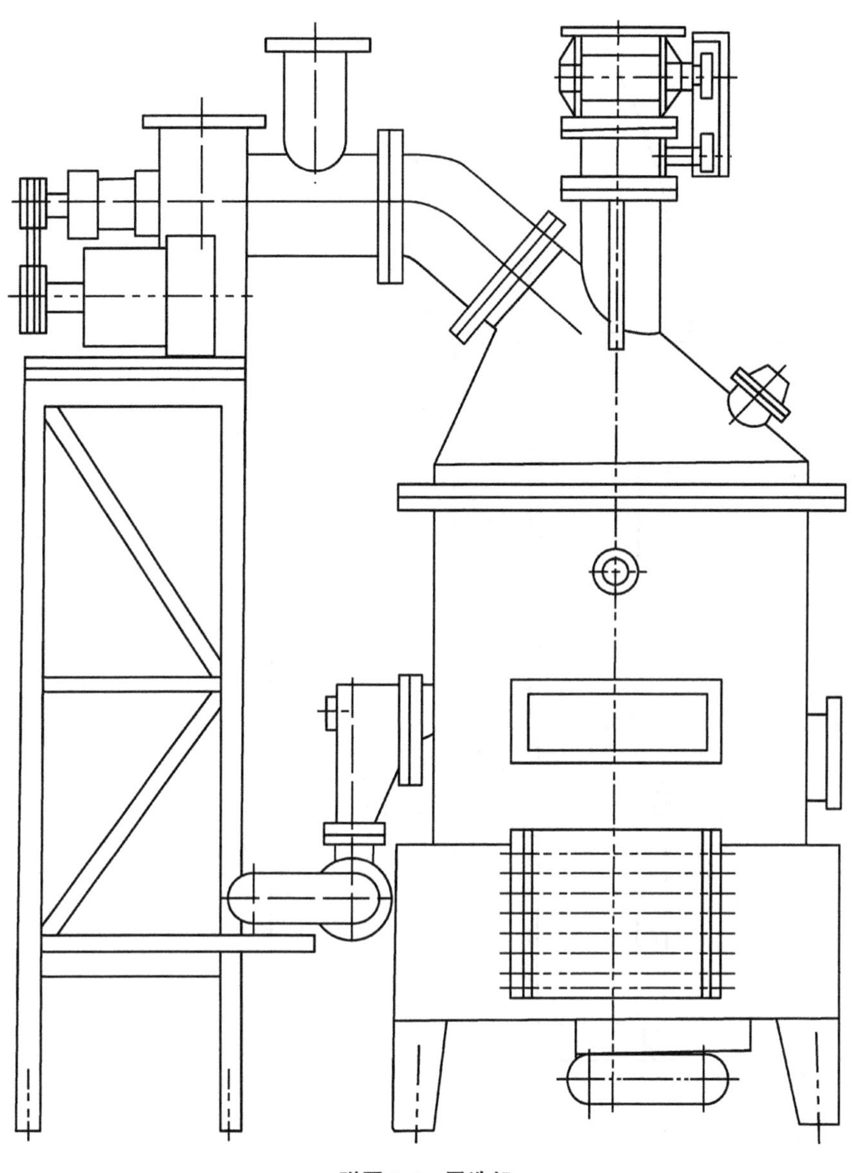

附图3-6 风选机

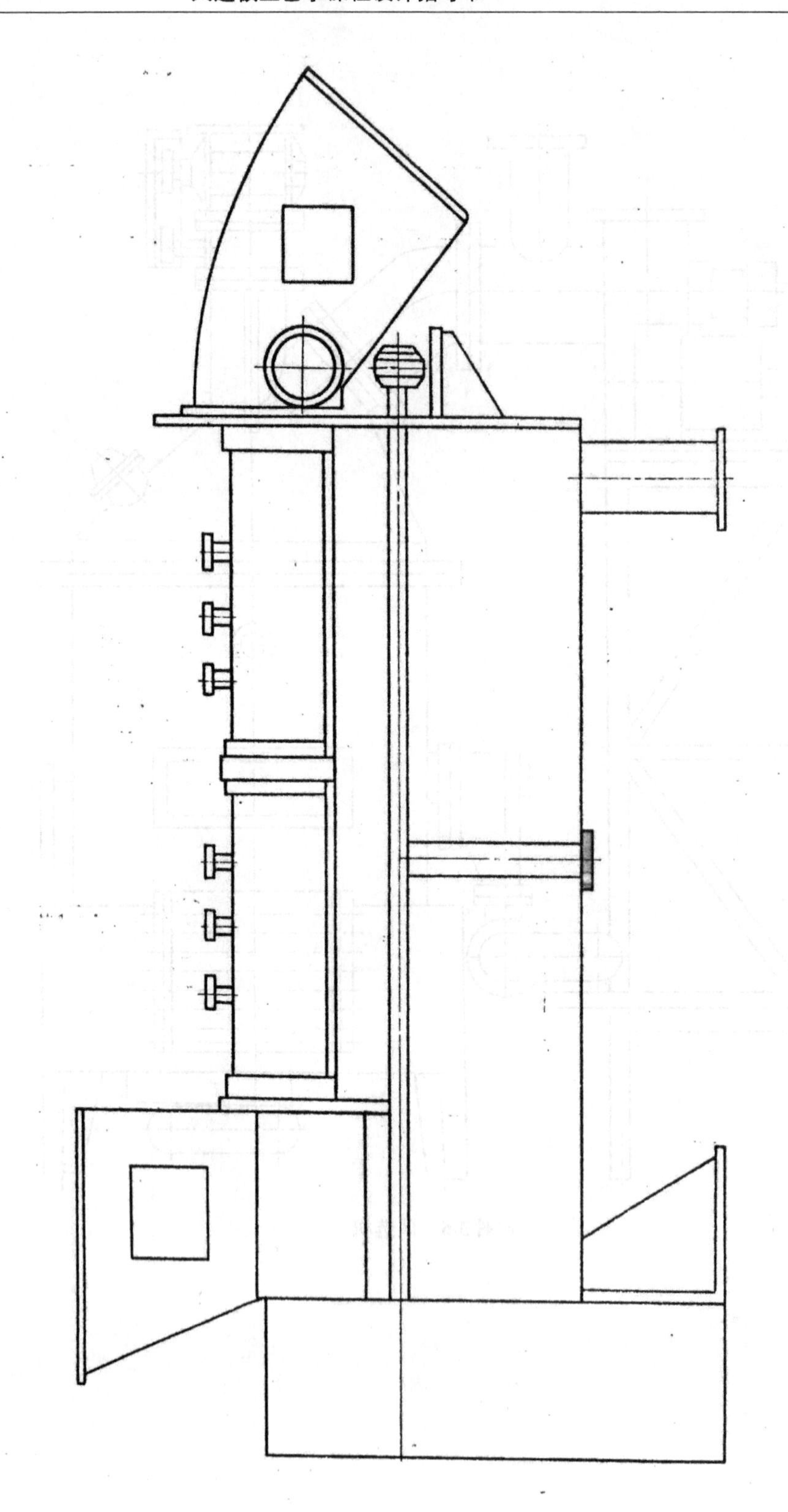

附图 3-7 拌胶机

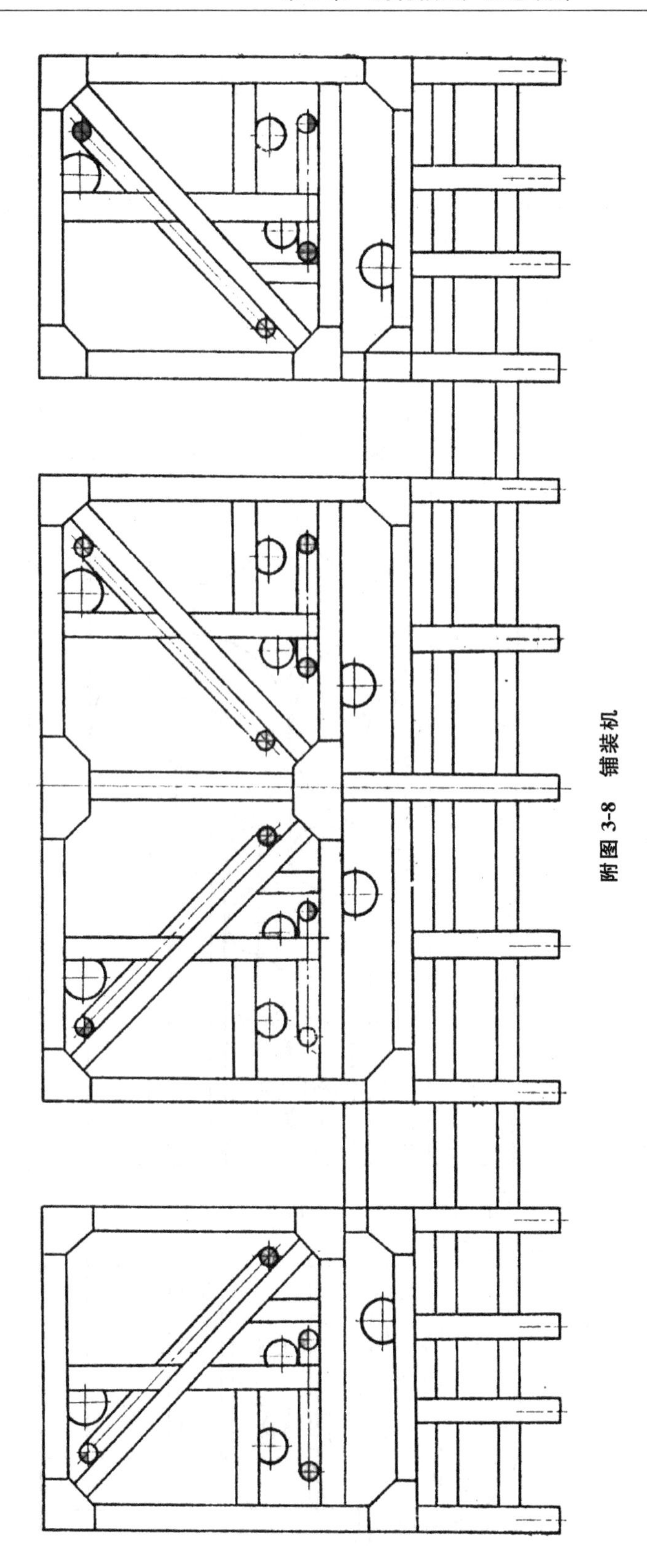

附图 3-8　铺装机

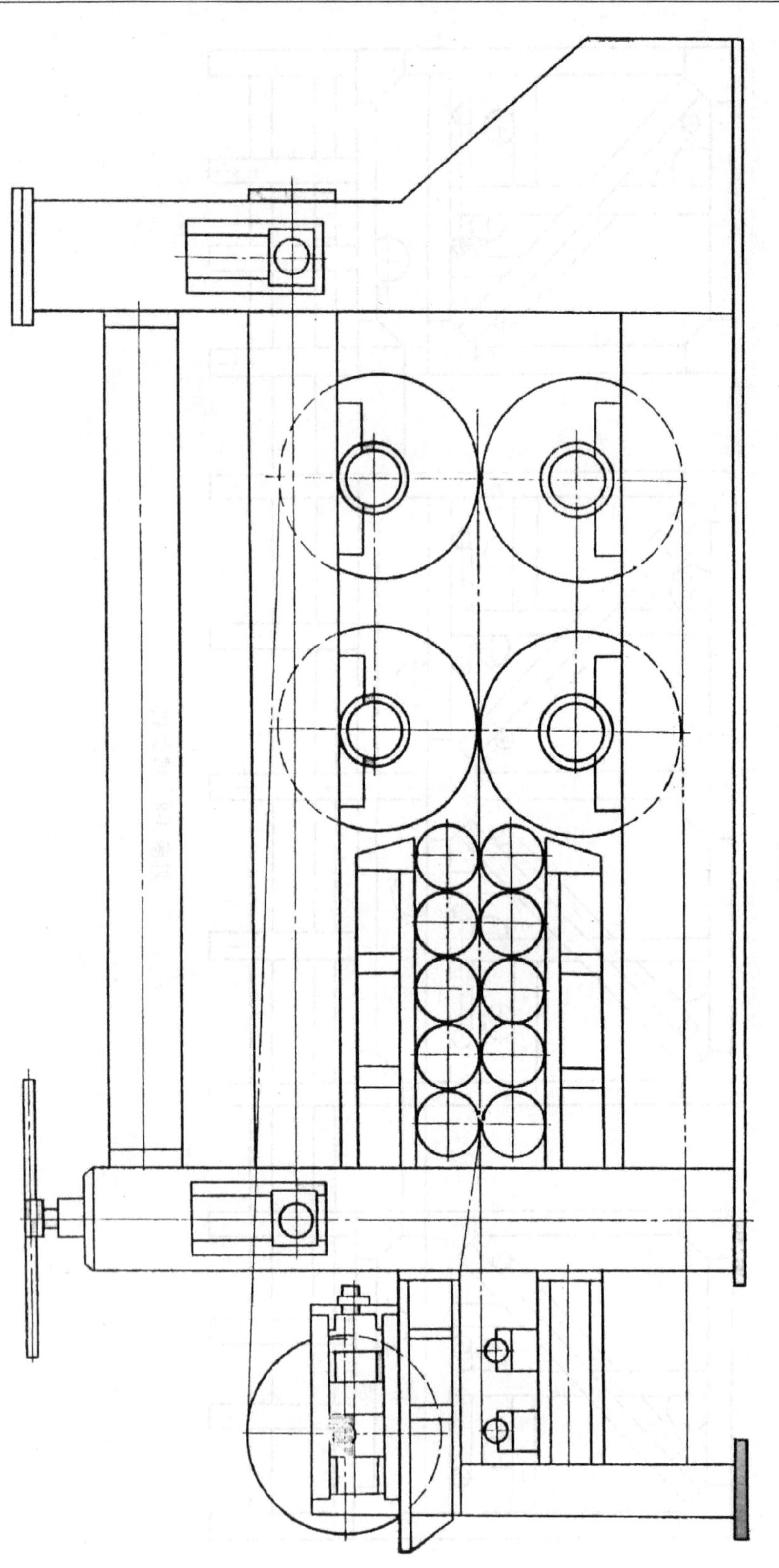

附图 3-9 预压机

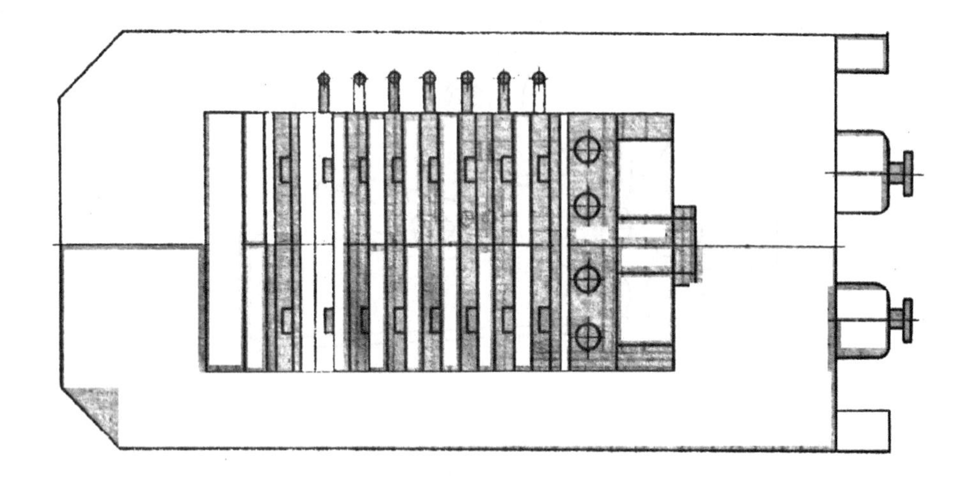

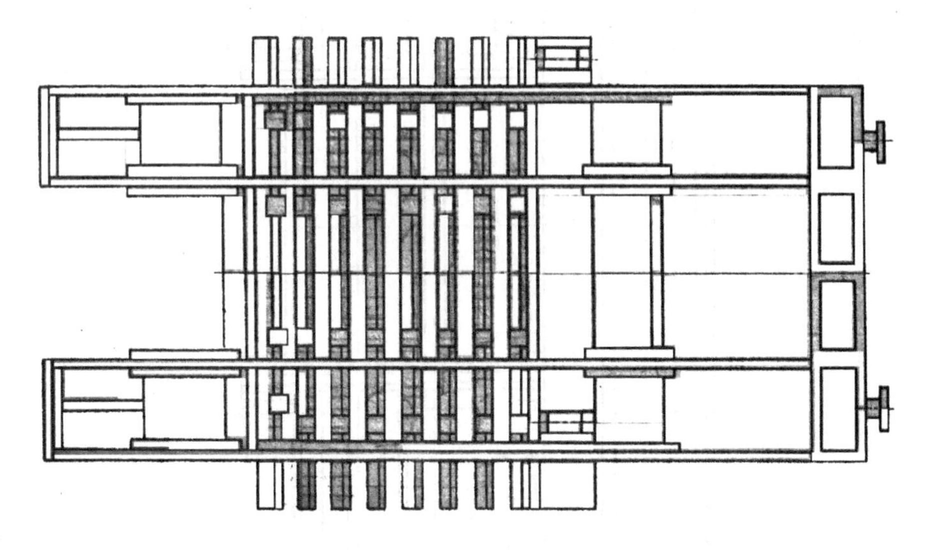

附图 3-10　热压机

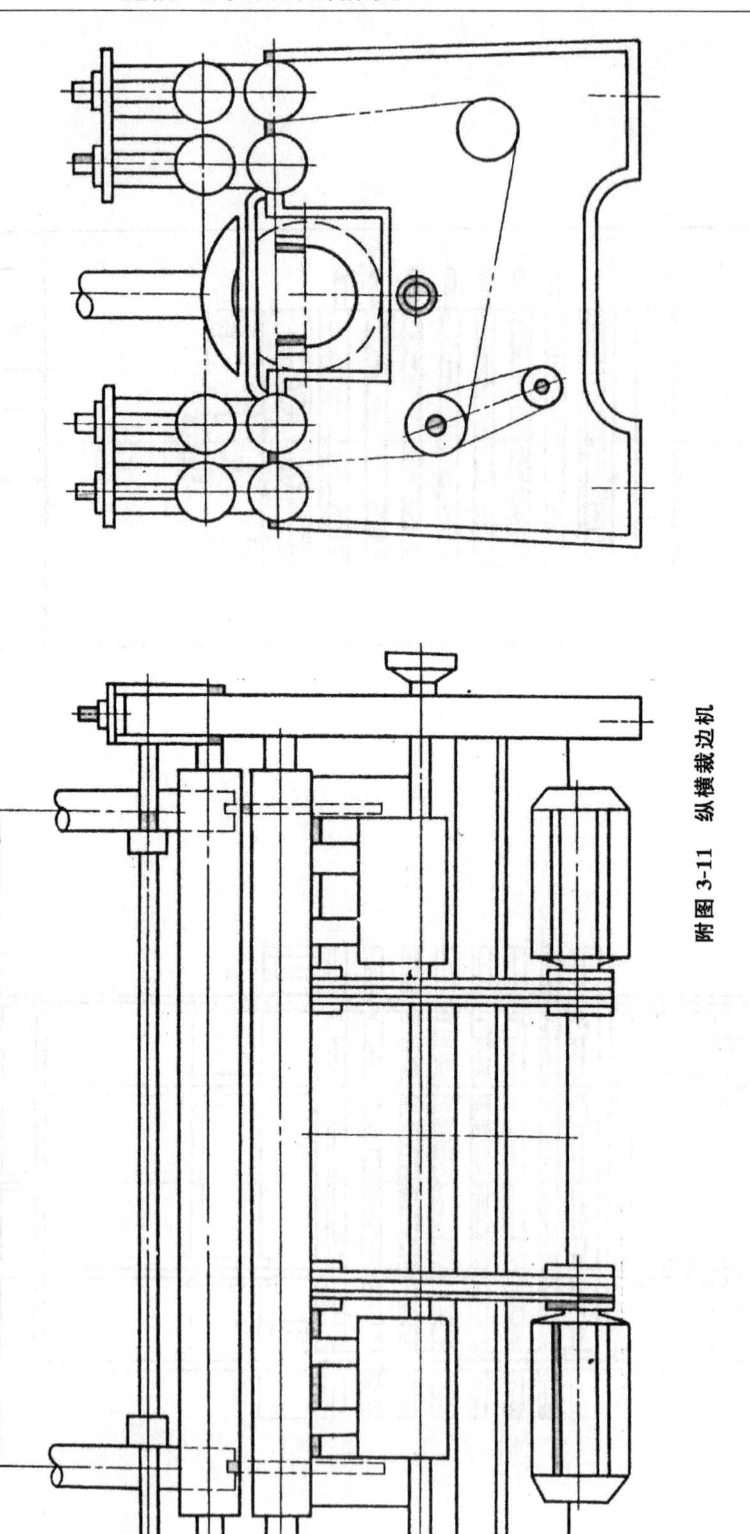

附图 3-11　纵横裁边机

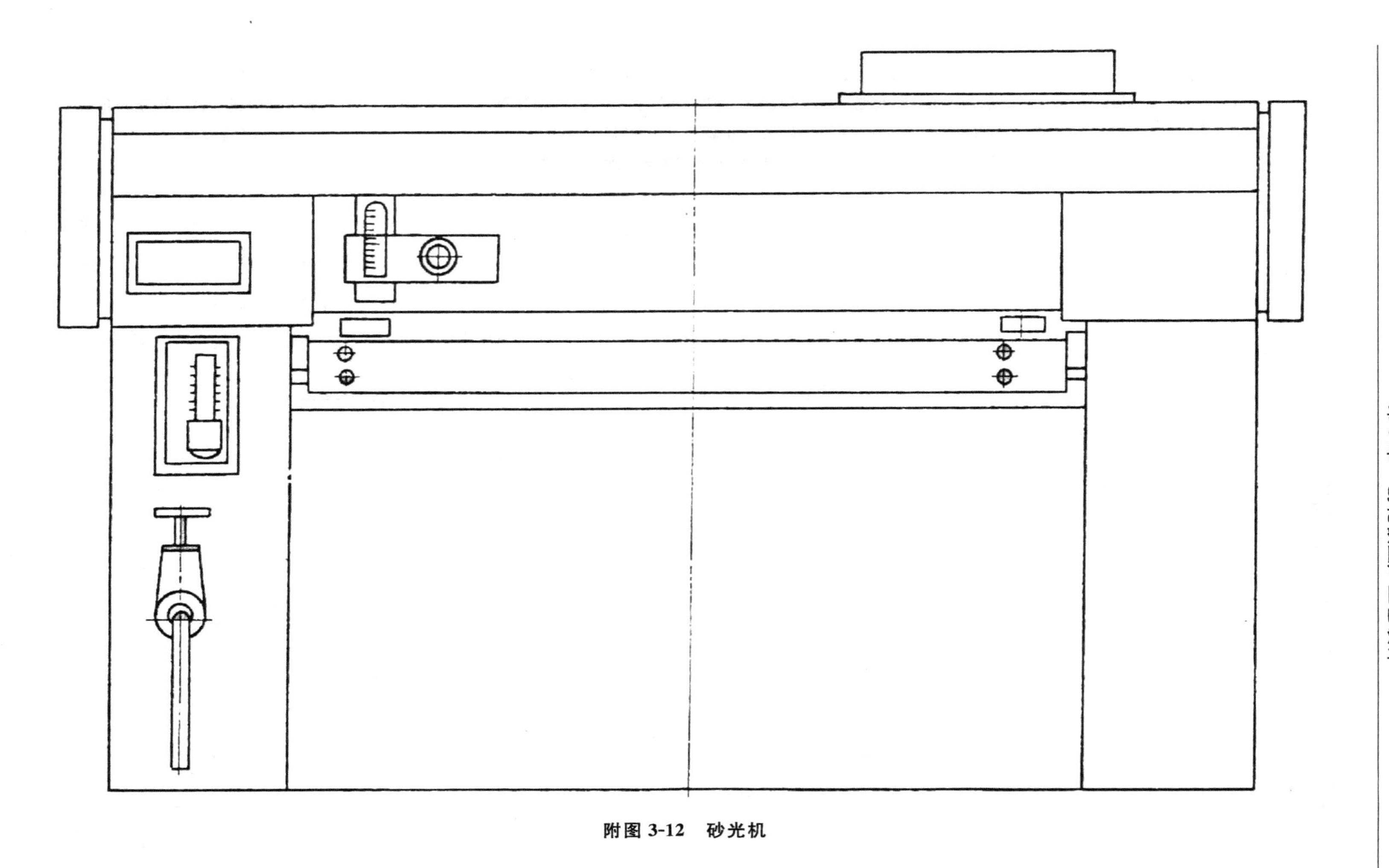

附图 3-12　砂光机

3.7.3 车间平面布置图实例

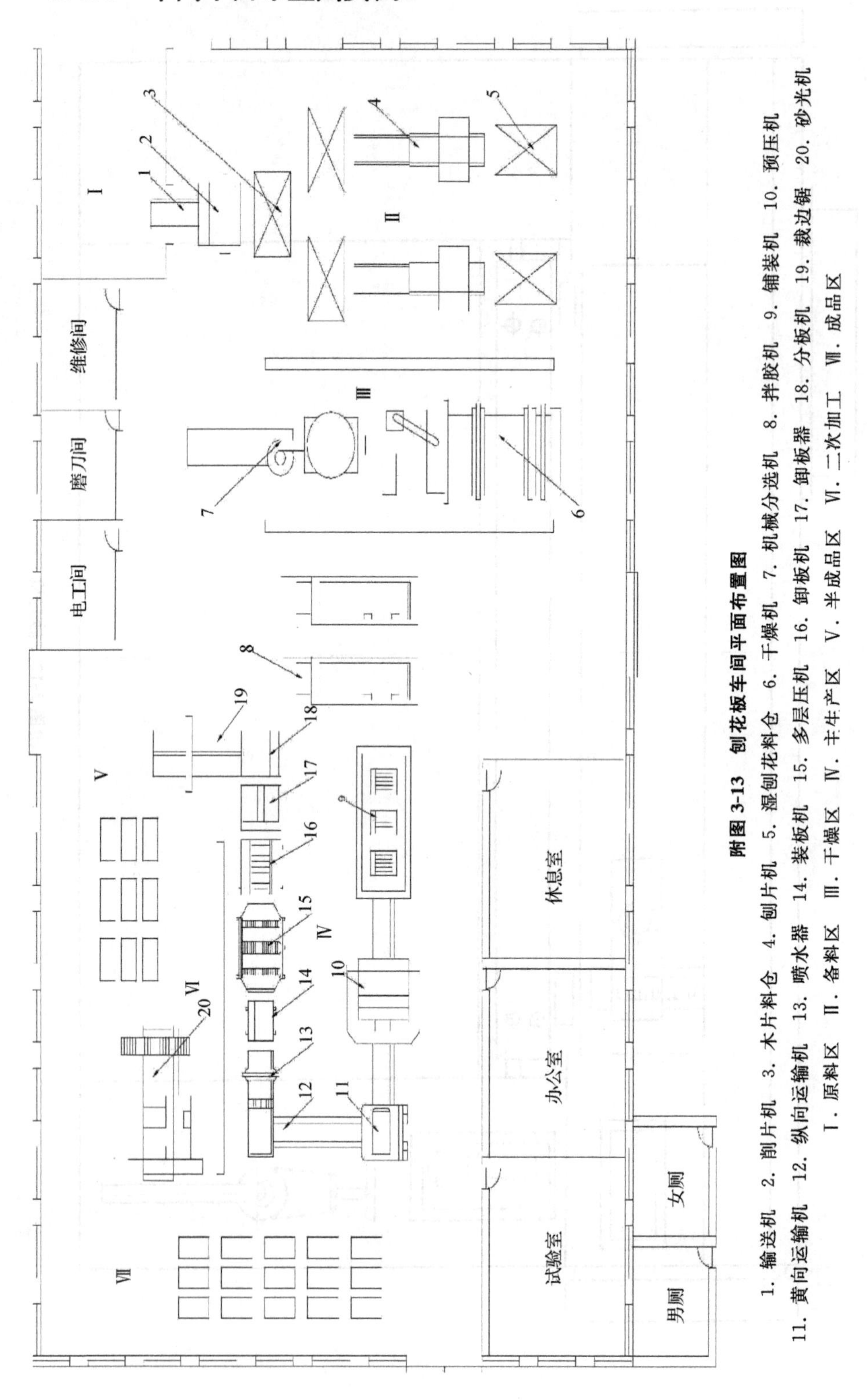

附图 3-13 刨花板车间平面布置图

1. 输送机 2. 削片机 3. 木片料仓 4. 刨片机 5. 湿刨花料仓 6. 干燥机 7. 机械分选机 8. 拌胶机 9. 铺装机 10. 预压机 11. 黄向运输机 12. 纵向运输机 13. 喷水器 14. 装板机 15. 多层压机 16. 卸板机 17. 卸板器 18. 分板机 19. 裁边锯 20. 砂光机

Ⅰ. 原料区 Ⅱ. 备料区 Ⅲ. 干燥区 Ⅳ. 主生产区 Ⅴ. 半成品区 Ⅵ. 二次加工 Ⅶ. 成品区

第 4 章　中(高)密度纤维板生产工艺设计

4.1　概述

中(高)密度纤维板生产工艺设计，对学完人造板工艺学这门专业课程的学员来说，是总结理论知识、深化专业基础、启发创新思维和开拓技术思路的一个重要环节。

中(高)密度纤维板生产工艺设计，是根据用户提供的设计任务书，运用专业课教学中所讲授的知识，完成设计任务书中的工艺设计内容。

4.1.1　设计任务书

设计由设计委托方提出，设计任务书中主要包括：

(1) 委托设计单位；

(2) 设计产品的名称：中(高)密度纤维板；

(3) 产品种类与规格：厚度、长度、宽度；

(4) 产品的年产量：m^3/日（m^3/d），m^3/年(m^3/a)；

(5) 技术要求：各工序的控制、自动化程度、产品达到的要求；

(6) 其他内容。

4.1.2　设计所需的资料

设计委托方应向设计承担方提供生产工艺设计所必需的资料(课程设计时所需的资料)。

(1) 木材原料：树种(针、阔)、类型(枝丫材、加工废料、木片、建筑废料)、径级(小径木)、等级、产地、含水率、到厂方式等。

非木材原料：竹材、农作物秸秆、农产品的加工剩余物、甘蔗渣、麻、棉秆等。

(2) 胶种：酚醛树脂胶黏剂、脲醛树脂胶黏剂、异氰酸酯等；胶的用量(%)，制胶还是买胶，制胶时原料供应的情况等。

(3) 化学添加剂：防水剂、固化剂、阻燃剂、甲醛捕捉剂、防潮剂等；各自的用量(%)。

(4) 产品质量、规格要求：产品的性能达到 GB/T11718- xxxx 中密度纤维板、GB/T 31765-xxxx 高密度纤维板的要求、是否具有阻燃性能、防潮等性能。

(5) 产品结构：中(高)密度纤维板幅面、密度、纤维排列方向、剖面特性等。

(6) 工作制度：年工作日、班次等。
(7) 建厂环境：厂房选址、水电热供应等。
(8) 其他必要资料：许可证等。

4.1.3 设计内容

(1) 拟定生产工艺流程
根据设计任务书中规定的产品品种拟定工艺流程。
(2) 检验生产能力
根据设计任务书中规定的年产量，确定和检验热压机的生产能力。
(3) 计算原辅材料消耗量
计算生产中(高)密度纤维板各工序所用原辅材料(木材、胶黏剂、辅助材料的消耗)。
(4) 设备选型及校验生产能力
根据各工序加工量选择合适的设备及型号，并校验其设备的生产能力。
(5) 绘制车间工艺布置图
根据确定的生产工艺流程和选定的设备，绘制车间工艺平面布置图。
(6) 编写工艺设计说明书
将(2) ~ (4)的内容编写成设计文字说明书。

4.1.4 注意事项

生产规模不宜太小(一般)要符合国家有关规定。从目前来看中密度纤维板不应低于5万 m^3/a，生产厂家才有利益。年产量低效率低，不具备规模效率，例如5万 m^3/a 以下产量，从设备投资、管理人员、操作工人数与5万 m^3/a 以上产量相差无几，因此产量高成本高。

开发利用人工林资源，加工剩余物、制材废料、再资源化的材料，如建筑废料的利用等，合理开发非木材原料资源。

确保原料供应稳定，防止收购半径过大。

同一地区避免重复建厂。

4.2 生产能力确定和检验

一般中(高)密度纤维板年产量在设计任务中已作出规定，但是，在实际生产过程中，年产量是受主机生产能力限制，特别是热压机的限制，因此，作为设计的第一步，需要根据设计任务书选择热压机类型和规格，并对生产能力进行验算。通常，不宜将热压机置于满负荷生产状态。

目前，中(高)密度纤维板的热压机分周期式和连续式两大类。周期式又分为单层和多层压机，中(高)密度纤维板年产量高时宜采用连续式压机，产量较低时可采用多层压机。在设计时，具体选用何种热压机要根据产量、产品规格和特殊工艺要求等条件而定。

(1)周期式热压机生产能力

$$Q = \frac{T \cdot Y \cdot B \cdot L \cdot H \cdot K \cdot N}{Z}$$

式中：Q——年产量(m^3/a)；

T——天工作时间(min/d)；

Y——年工作日(d/a)；

B——纤维板宽度(m)；

L——纤维板长度(m)；

H——纤维板厚度(m)；

K——热压机时间利用系数，一般为 0.96 ~ 0.98(多层压机取下限，单层压机取上限)；

Z——热压周期(min)(包括板坯加压时间、保压时间、辅助时间)；

N——热压机层数(板的张数)。

(2)连续式单层压机年生产能力

$$Q_1 = Y \cdot T \cdot \mu \cdot B' \cdot H \cdot K$$

式中：Q_1——年产量 (m^3/a)；

Y——年工作日(d/a)；

T——天工作时间(min/d)；

μ——热压机输送带的实际平均运行速度(m/min)；

B'——热压板坯的宽度(除去裁边余量和锯缝宽度)(m)；

H——纤维板厚度(m)；

K——热压机时间利用系数，一般为 0.99。

热压机生产能力进行计算时，要注意以下几个问题：

(1) 产量与板材的厚度密切相关，通常以主产品厚度为计，中密度纤维板通常以 15mm 或 16mm 计算；高密度纤维板通常较薄，特别是辊压法高密度纤维板厚度以 3mm 计算；

(2) 产量与板材的热压周期紧密相关，要以正常的热压时间作为计算基准。

4.3　生产工艺流程设计

根据设计任务书，针对不同的树种确定不同的工艺流程。工艺流程要体现出技术先进、方案合理和经济实用。工艺流程可采用简图或框图来表示，分别见图 4-1 和图 4-2。

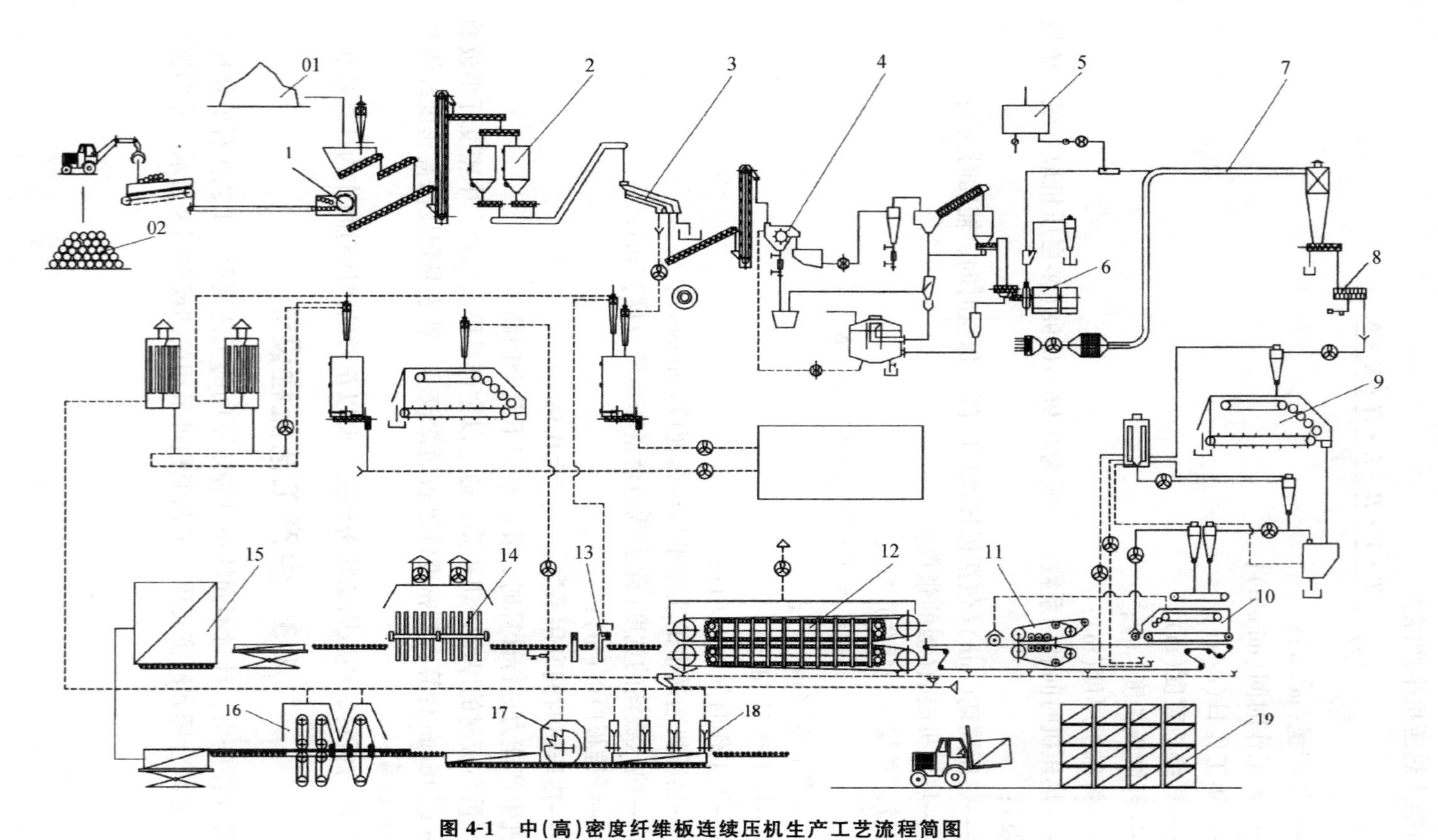

图 4-1 中(高)密度纤维板连续压机生产工艺流程简图

1. 削片机 2. 木片料仓 3. 木片筛选机 4. 木片水洗系统 5. 调胶施胶系统 6. 热磨机 7. 管道干燥机 8. 纤维计量系统 9. 纤维料仓 10. 成型机 11. 预压机 12. 连续热压机 13. 切割锯 14. 星型冷却机 15. 辊筒运输机 16. 砂光机 17. 裁边锯 18. 分割锯 19. 成品贮存 20. 木片堆场 21. 枝丫材堆场

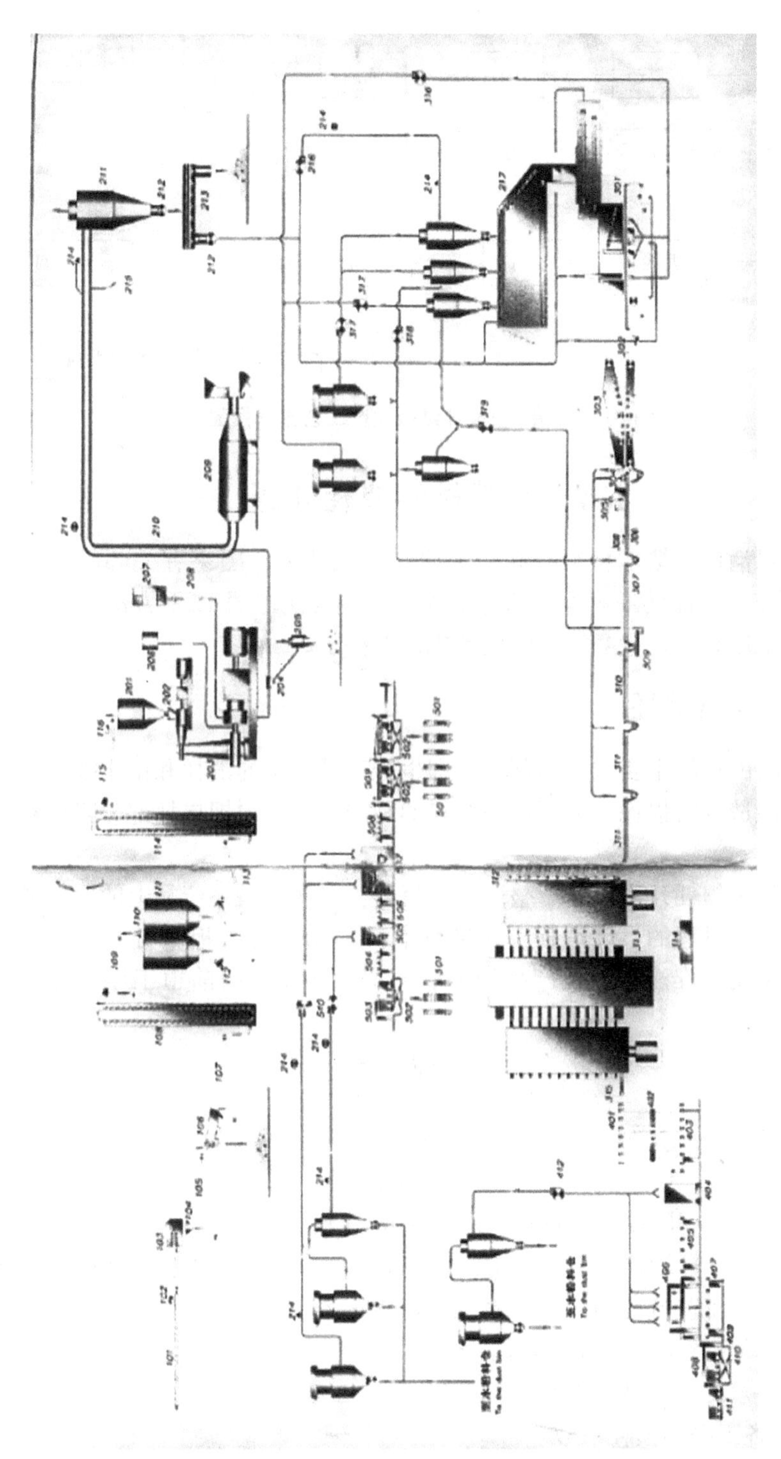

图 4-2　中(高)密度纤维板多层热压机工艺流程简图

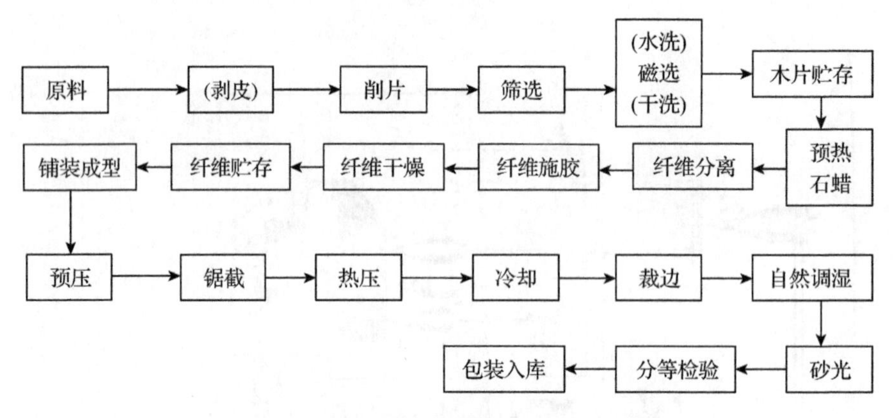

图 4-3　中(高)密度纤维板生产工艺流程框图

4.4　原辅材料消耗计算

原辅材料消耗包括木材消耗和化工原料消耗两类。国家有关部门已经将中(高)密度纤维板产品的原材料消耗数值列入设计规范，用以下方法计算出的木材原料和化工原料消耗量必须符合设计规范的要求。

4.4.1　木材消耗

木材原料的消耗主要包括两部分，即生产产品必备的消耗和由于技术、工艺和管理等原因造成的损耗，为了提高原料的利用率，必须把损耗部分降低到最低限度。

生产过程中损耗几乎贯穿于整个工艺流程，体现在最终产品上的原料消耗实际上是整个生产过程的累计消耗，在进行中(高)密度纤维板木材原料需要量计算时，通常采用逆推法，即从产品的最后一道工序逐渐向前道工序推算，其公式为：

$$Q_n = \frac{Q_{n-1}}{1 - l_n - \Delta_n}$$

$$Q_n = \frac{Q_{n-1}}{1 - \rho}$$

式中：Q_n——该工序的原料计算量(m^3/d 或 m^3/a)；

Q_{n-1}——计算过程中上一步工序的原料需要量，由于计算是逆推进行的，所以实为所计算工艺流程的后一工序(m^3/d 或 m^3/a)；

l_n——该工序的工艺损耗系数；

Δ_n——该工序的技术组织损耗系数；

ρ——各工序的损耗系数。

4.4.1.1　纤维板损耗系数(包括工艺损耗系数和技术组织损耗系数)

表 4-1　纤维板损耗系数

工艺流程	损耗系数(%)
砂光	3.5 ~ 6
裁边	6 ~ 8
热压	0.5
成型	0.5 ~ 1
纤维施胶、干燥	3.5 ~ 7
纤维分离	3 ~ 7
木片水洗	1.5 ~ 3
木片筛选	2 ~ 5
木片风选	4 ~ 6
备料	4 ~ 6
原料剥皮	7
原木锯断	0.5 ~ 1

4.4.1.2　计算步骤

(1) 每立方米中(高)密度纤维板消耗绝干木材量

$$q = \frac{r_0}{(1 + \omega)(1 + P + P_1 + PP_2)}$$

式中：q ——每立方米中(高)密度纤维板消耗绝干木材量(kg/m^3)；

r_0—— 纤维板的密度(kg/m^3)；

ω ——纤维板的含水率 (%)；

P —— 施胶量 (%)；

P_1—— 防水剂的施加量 (%)；

P_2—— 固化剂的施加量 (%)。

表 4-2　各参数参考值

名称	范围	备注
r_0	650 ~ 800kg/m³	中密度纤维板
	> 800kg/m³	高密度纤维板
ω	3.0% ~ 13.0 %	
P	8% ~ 14%	
P_1	0.5% ~ 1.5%	
P_2	0.5% ~ 1%	

(2) 年绝干木材消耗量

$$Q_g = \frac{Q \cdot q}{(1 - \rho')(1 - \rho'')\sum_{i=1}^{n}(1 - \rho_i)}$$

式中：Q_g——年绝干木材消耗量(m^3/a)；

Q——年产量(m^3/a)

q——每立方米纤维板消耗绝干木材量(kg/m^3)；

ρ'——原材料种类不同而引起的损耗率(薪炭材约 1.2%)(%)；

ρ''——运输损耗率约(1.0%)(%)；

ρ_i——各工序损耗率(%)。

(3) 含水率为 W_m 木材年消耗量

$$Q_W = Q_g(1 + W_m)$$

式中：Q_W——含水率为 W_m 木材年消耗量(kg/a)；

W_m——木材含水率(%)。

4.4.2 化工原料消耗

化工原料消耗包括胶黏剂和其他添加剂消耗(防水剂、固化剂、阻燃剂等)。计算时要注意：

中(高)密度纤维板的用胶量是以绝干纤维为计算基准，相对于固体树脂；

防水剂用量以绝干纤维为计算基准，相对于固体石蜡；

固化剂用量以固体树脂为计算基准，相对于固体固化剂。

(1)用胶量

纤维板年用胶量可按下式计算：

固体树脂消耗量

$$Q_{gm} = \frac{Q_s \cdot P}{1 - \rho_r}$$

式中：Q_{gm}——年消耗绝干树脂量(t/a)；

Q_s——施胶工序年加工绝干纤维量(t/a)；

P——树脂的施加百分率(%)；

ρ_r——树脂总损耗率(%)。

液体树脂消耗量

$$Q'_{gm} = \frac{Q_{gm}}{E_r}$$

式中：E_r——液体树脂浓度。

(2)防水剂年用量

防水剂年用量可按下式计算：

$$Q_f = \frac{Q_s \cdot P_1}{1 - \rho_c}$$

式中：Q_f——年消耗防水剂量(t/a)；

Q_s——防水剂工序年加工绝干纤维量(t/a)；

P_1—— 防水剂的施加百分率(%)；

ρ_c—— 防水剂的损耗率(%)。

(3)固化剂年用量

固化剂年用量可按下式计算：

$$Q_c = \frac{Q_g \cdot P_2}{1 - \rho_c}$$

式中：Q_c——年消耗固化剂量(t/a)；

Q_g——年消耗绝干树脂量(t/a)；

P_2——固化剂施加率(%)；

ρ_c——固化剂损耗率(%)。

化工原料消耗量计算以后，可列出汇总表，见表 4-3。

表 4-3　中(高)密度纤维板生产化工原料消耗表

化工原料	种类	用量(%)	年消耗量(t/a)	备注
胶种	脲醛树脂胶黏剂(UF) 酚醛树脂胶黏胶(PF)	8 ~ 14		
防水剂	石蜡	0.5 ~ 1.5		
固化剂	氯化铵	0.5 ~ 1.0		
其他添加剂				

4.5　设备选型和生产能力计算

完成工艺计算后，要根据工艺需要进行设备选型。由于设备制造厂可以为设计者提供包括生产能力、结构参数和动力消耗在内的详细资料，设计者对部分设备可以直接选型，但部分设备必须进行校核看是否能满足生产需要，防止设备效率系数过高或过低。

4.5.1　设备台数计算

根据设计任务书对产品质量的要求和建厂单位对设备类型的要求，以及所能承受的经济实力，选择设备类型。

(1)单位时间所要求的加工能力

$$Q_h = \frac{Q_n}{Y \cdot T \cdot K_n}$$

式中：Q_n——每工序年加工量（m^3/a 或 t/a)；

K_n——每工序时间利用率；

Y——年工作日(d/a)；

T——每日时间(h/d)。

(2) 设备台数

$$n' = \frac{Q_h}{Q_W}$$

式中：Q_h——单位时间所要求完成的生产能力(m^3/h 或 t/h)；

Q_W——单位时间设备的加工能力(m^3/h 或 t/h)。

如果，计算出 $i < n' < i+1$(i 为正整数，则应选择 $i+1$ 台该台设备，或取大于 n'的整数的机床台数。实际选型时，可通过调整设备台数或改变设备型号来满足要求。

(3)验算设备利用系数

$$\eta = \frac{n'}{n}$$

式中：η ——机床利用率；

n'——理论计算出的机床台数；

n ——实际采用的机床台数。

4.5.2 设备选型

可供选择的主要设备的技术性能见表4-4。

表4-4 纤维板生产线设备技术参数

序号	设备名称	主要技术参数	型号(备注)
木片制备工段			
1	上料皮带运输机	皮带宽650mm；V＝48m/min；功率1.5KW；按工艺参数设计长度	BZY1150
		皮带宽500mm；长28000mm；斜度10°	BZY1180/XX
		皮带宽500mm；人字防滑带；按工艺参数设计长度	BZY1110/8
2	金属探测装置	探头尺寸800×600mm	WJT-2
3	鼓式削片机	刀辊 D＝800mm；n＝2rpm；飞刀数2；功率123kW	BX216
		刀辊 D＝1300mm；n＝2rpm；飞刀数3；进料口400×700mm	BX2113A
4	下料斗	按工艺参数设计	
5	斗式小料仓	容积4m^3；振动出料；功率0.75kW	S004-00
6	正反转皮带运输机	皮带宽500mm；V＝48m/min；按工艺参数设计长度	BYZ-1
7	斗式提升机	输送量48m^3/h；高15m	D450S
		输送量86m^3/h；高18m	TD630/XX
8	木片料仓	有效容积 V＝63m^3；直径 φ5000mm	SO6
		有效容积 V＝100 m^3；直径 φ5000mm	101D
9	斗式料仓	有效容积 V＝34m^3	S03
10	矩形筛	单层；分级数2；筛选面积7.5m^2	BF178
11	辊筒式木片转筛	直径 φ＝500mm；n＝28rpm	X828
12	除尘回收系统	含风机1台；旋风分离器1台	
13	振动下料器	带电磁振动器	

（续）

序号	设备名称	主要技术参数	型号(备注)
14	永磁除铁器		RCYB-8
15	木片水洗机	$\varphi=800$mm，$n=20$rpm；水洗能力 40m³/h；功率9.2kW	GLZD34
16	螺旋滤水器	$\varphi=500$m；$T=200$mm；$n=490$rpm；功率5.5kW	
17	螺旋运输机	螺旋直径 φ500mm×4000mm； 螺旋直径 φ500mm×5000mm； 螺旋直径 φ400mm×6000mm	X625
18	左右分配螺旋运输机	螺旋直径 φ500mm；螺距400mm；二端下料	X625-2
19	油冷式电磁除铁器	外形尺寸：795mm×855mm×650mm；处理能力(m³/h)：$B=650$；电动机功率1 kW	RCDE-6
20	削片电控系统	一套	
		纤维制备工段	
21	木片预热料仓	$V=2\sim5$ m³	X23C
22	热磨小料斗	$V=0.5\sim1$ m³	X23C
23	热磨机	磨盘直径 φ42 英寸；电机功率 1500kW；转数1500rpm；二端下料	M101
		磨盘直径 φ48 英寸；电机功率 1800kW；转数1500rpm；二端下料	M200A
		磨盘直径 φ42 英寸；电机功率 1500kW；转数1470rpm；二端下料	BM11A
24	排料三通阀(分流阀)		X611
25	排料导向阀		XT-00
26	纤维干燥机(主机)	干燥管直径 φ1200mm，总长 100m 或按工艺参数设计	X618C
		干燥管直径 φ1250mm，长度按工艺参数设计，旋风分离器 φ450mm。	6GC-60
		干燥管直径 φ1200mm，旋风分离器 φ600mm，总长 100m。进料口含水率≤50%，出料口含水率10%，电机110kW，热交换器5组	5GC
27	纤维干燥机(转阀)		X520
28	火花探测及自动灭火系统	一套	
29	防火螺旋运输机	长度按工艺参数设计	X625A
30	干纤维料仓	$V=70$m³；出料量 $1\sim9$m³/min	X516
		容积50m³；螺旋转速5.5rpm；梳辊转速312rpm	WGB301-00A
		$V=50$m³；料量 $0.8\sim8$m³/min	X826
31	电子皮带秤	$V=24$m/min；称量范围 1600～6400kg/h	BZY-1
		带宽500mm；产量3T/h	LC3101
32	正反转皮带运输机	带宽800mm，带速26m/min	ZBY
33	含水率测定仪		IMS-8B
34	纤维制备电控系统	从热磨机至干纤维料仓(一套)	

（续）

序号	设备名称	主要技术参数	型号(备注)
		配胶施胶工段	
35	石蜡熔化及施加设备	V=500L~920L	X614C
36	胶料、固化剂调配设备	V=200L~600L；带液位器及搅拌器；直流调速；计量泵=200/1.6	X615AL
37	胶料、固化剂喷施设备	混合桶250L~1600L	X616C
38	原胶输送泵组	83L/min~150L/min，0.32MPa	X616EF
39	施胶泵组	直流调速；单螺杆泵	G25-2v-W102
40	石蜡施加泵组	2.4L/min；直流调速；齿轮泵	CB-B4
41	施胶电控系统	一套	
		铺装热压工段	
42	干纤维料仓	容积 $V=50m^3$；螺旋转速5.5rpm；梳辊转速312 rpm	WGB301-00A
43	纤维铺装成型机	铺装宽度1400mm；最大成型高500mm	X829
		铺装宽度2500mm；最大成型高500mm	SL928
		摆咀式；铺装宽度1500mm；网带速度0~4m/min；功率8.1kW	4QP-00
		铺装宽度1400mm；最大成型高500mm	BP2314/12A
		铺装宽度1450mm，网带速度0~4m/min；最大成型高650mm	6JP-00
44	抽真空及风送系统	从铺装机真空箱至干纤维料仓；含风机1台	
45	板坯计量称	$V=24m/min$	BJL1201A
46	连续式预压机	带宽1600mm；带速1.2~15m/min；最大线压力200KPa	BY835/2B
		带宽1600mm；线压力140~200kPa；带速0~6m/min	JC830
		线压力200kg/cm；带宽1600mm；带速0~4m/min；功率45kW	4YU-00
47	成型带式运输机	带宽=1600mm；V=1.2~15m/min；功率4.4kW	SL929
48	风送系统	从削片机到木片料仓：含风机1台；旋风分离器1台；旋阀1个；功率55kW	
		从电子皮带秤至干纤维料仓：含风机1台；旋风分离器1台；旋阀1个；功率22kW	
		从干纤维料仓至铺装机：含风机1台；旋风分离器1台；旋阀1个；功率18.5kW	
		齐边风送系统：含风机1台；旋风分离器1台；旋阀1个；功率18.5kW	
49	板坯横截锯	锯片直径φ900mm	SJ21
		锯片直径φ600mm；有效截断面积1350mm；功率5.2kW	BH-00A
		锯片直径φ650mm	MH-00

(续)

序号	设备名称	主要技术参数	型号(备注)
50	齐边机	锯片直径φ600mm；宽度1280～1320mm；打碎回收；功率4.4kW	BQB1225
51	板坯横截风送系统	从横截锯吸尘罩齐边锯回收：含风机1台；旋风分离器1台；旋阀1个	
52	废板回收系统	从废料回收集料箱至干纤维料仓：含风机1台；旋风分离器1台；旋阀1个；功率18.5kW	3PI-00
53	同步运输机	宽1600mm；$V=1.2\sim15$m/min	S816
		宽1600mm；$V=0\sim24$m/min 功率5.7kW	MJT
54	加速皮带运输机	宽1600mm；$V=1.2\sim15$m/min	X834A
		宽1600mm；$V=60$m/min	SL834
		低速0-4 m/min；高速24 m/min；带宽1500mm	MBJ
		$V_{max}=60$m/min；标高1450mm	3MJ-00
		宽1600mm；$V=1.2\sim15$m/min	BZY11140/7
		宽1600mm；$V=60$m/min	BZY11140/8
55	金属探测器		JT3-1796×350
56	废板坯回收装置	回收量0.43m^3/min；功率4.4kW	MBS-00
57	装板运输机		X831
58	无垫板装板机	4×16英尺；层间距370mm；12层	BZX124×16/15D
		层间距350mm；层数5层	5MZT-00
		最大装板尺寸2500mm×1400mm×160mm；层间距375mm；层数8层	8MZ-00
		小车进退速度$V=60$m/min；层间距350mm；4缸升降；7层	7MDZ-00
59	热压机	4×16英尺；12层	BY134×16/320/15
		总压力1300t；开档250mm；热压板尺寸2690×1680；油缸直径400mm，数量4只；层数5层	5MY-00
		总压力1200吨；开档275mm；油缸直径400mm；压板厚度100mm；层数8层	8MY-00
		4×16英尺；7层；开档380mm，油缸直径400mm	7MDY-00
60	连续式热压机	可铺装1220mm和2440mm两种幅面；铺装速度1～1.2m/s，铺装精度≤±8%；成品板厚度2.5～35mm；铺装长度10～25m	BY74
		铺装速度0～1.2m/s，铺装精度≤±8%；成品板厚度2.5～35mm，厚度精度≤±4%	DBP-4C
61	无垫板卸板机	4×16英尺；12层	BZX144×16/15C
		层间距350mm，层数5层	5MXT-00
		输送最大板面2540mm×1380mm，层间距375mm，层数8层	8MX-00
		4×16英尺，7层，两只油缸升降	7MDX

（续）

序号	设备名称	主要技术参数	型号（备注）
62	出板运输机	输送最大板面 2540mm × 1380mm；带速 V = 24 m/min	MC-00
		输送带宽 1300mm；速度 V = 24 m/min	3MC-00
63	热压机油压系统		X743
64	铺装废料除尘系统	一套	
65	粉尘气力输送系统	一套	
66	废板坯回收系统	回收量 0.43m³/min	MBS-00
67	板坯齐边锯	锯片直径 φ600mm；宽度 1300mm；V = 1.2 ~ 15m/min	BC1113B
		锯片直径 φ900mm；宽度 1280 ~ 1320mm；V = 1.2 ~ 15m/min；打碎回收	SC15
		锯片直径 φ600 ~ 650mm；宽度 1280 ~ 1320mm；打碎回收	BQB1225
68	移动式板坯横截锯	宽 1600mm；V = 1.2 ~ 15m/min	BHJ1113C
69	伸缩式锯截加速运输机	宽 1600mm；V = 60m/min	BZY16140/7
70	废板坯料仓	排料能力 280m³/h	BLC413D
71	热压机液压站及管路		5MYL-00
	装卸板机液压站及管路		8MYL-00
	预压机液压站及管路		4YUL-00
72	成型预压及输送控制系统	从干纤维料仓至加速运输机	
73	热压电控系统	功率 253KW；一套	
		成品制备工段	
74	进料辊台	V = 24m/min；高 800mmm	VBG
		V = 24m/min	MBG-00
		V = 60m/min	BZY3114（LY）
75	冷却翻板机	有效转动 180°；冷却板坯 16 张	BFJ124 × 16（60）
		冷却板坯 14 张；冷却时间 5min	WBF-00
		冷却板坯 30 张，转鼓外径 3700mm	WBF
		冷却板坯 30 张；V = 24m/min	3WBF-00
76	冷却出板运输机	V = 60m/min	JC258
		V = 60m/min	BZY3814（LY）
77	出板辊台	V = 24m/min；高 800mmm	VBG
		V = 12m/min	BG-00
78	纵锯进板运输机		SL861
79	纵向锯边机	锯板宽度 1830mm	X765
		锯板宽度 890 ~ 1250mm；锯板厚度 6 ~ 30mm；锯片直径 φ350mm；功率 19KW	M3033-00
		锯裁宽度 1220mm；锯片转速 n = 400rpm	3MBE-00
		锯裁宽度 1220mm	BC114 × 16

(续)

序号	设备名称	主要技术参数	型号(备注)
80	纵向出板运输机	速度 $V = 18 \sim 24$m/min； 输送板宽度 930mm ~ 1320mm	BZY3113B
81	横向进板运输机	速度 $V = 18 \sim 24$m/min； 输送板长度 2500mm	X575A
82	横向锯边机	锯板宽度 1800 ~ 2440mm；锯片直径 φ350mm；功率 19KW	M5035-00A
		标高 1200mm；锯片转速 $n = 400$rpm	3MBX-00
		锯裁宽度 2440mm	BC214 × 16
		速度 $V = 24$m/min	3MG-00
83	联合锯边机组	含纵向锯边；转向辊台；横向锯边；长、宽可调； 进给速度 2 ~ 25 m/min	M5035A
84	运输辊台	$V = 12$m/min	BG-00
		$V = 12 \sim 18$m/min	3G-00
85	转向辊台运输机	运输速度 $V = 20$m/min；进板速度 $V = 21.6$m/min； 功率 3.3kW	M5034-00A
		运输速度 $V = 18 \sim 25$m/min；进板速度 $V = 18 \sim 22$m/min；液压油罐推板	3MRG-00
86	堆垛机	堆板尺寸 1220mm × 2440mm；最大起重量 3000kg	BDD114 × 8H/2R
87	堆垛对中机	堆板尺寸 1220mm × 2440mm	X568A
88	液压升降台	堆板尺寸 1220mm × 2440mm	X228
		7T；承重 3000kg；行程 1350mm；功率 7kW	SL867C
89	板垛辊台	堆板尺寸 1220mm × 2440mm	X229
90	横向辊台升降台	堆板尺寸 1220mm × 2440mm；最大起重量 3000kg	BSJ144 × 8AR
		宽度 2440mm；速度 7m/min	BSJ144 × 8A
		宽度 2440mm；速度 7m/min；最大起重量 3000kgf	BSJ144X8/3
91	叉车辊台		X570
92	地辊台运输机	堆板尺寸 1220mm × 2440mm	IB-00
93	锯边机除尘系统	从板纵横锯至除尘室，含风机 1 台；旋分器 1 个； 一套	
94	推板机	推板机缸行程 650mm	BZY8212 C
95	热压卸板机组排气罩及风机	含罩及架、排气管道；一套	
	翻板冷却排气罩及风管道	含罩及架、管道；一套	
96	热压机及锯边工段控制系统	从装板运输至横锯出板；一套	
97	后处理电控系统	一套	

（续）

序号	设备名称	主要技术参数	型号(备注)
		砂光工段	
98	辊式干板运输机	宽度 2440mm；速度 7m/min	BZY3524C
99	推板机	推板缸行程 650mm	BZY8212
100	纵向进料辊台	工作宽度 1220mm；进给速度 20 ~ 102m/min	BZY3112
101	二砂架宽带砂光机	最大加工宽 1300mm；加工精度 ±0.1mm	BSG1713Q-2
	四砂架宽带砂光机	最大加工宽 1300mm；加工精度 ±0.1mm；砂架电机功率 2×75kW+2×55kW	BSG2713Q
	六砂架宽带砂光机	最大加工宽 2640 mm，加工精度 ±0.1mm	BSG3713QYG
102	带式干板运输机	运输速度 0 ~ 136 m/min	BZY1212/6
103	横向干板运输机	宽度 2440mm；运输速度 0 ~ 136 m/min	BZY3254D
104	纵向进料辊台	进给速度 20 ~ 120m/min	BZY32112BR
105	主生产线电气控制系统	PLC 控制	100 ~ 400
106	砂光线电气控制系统	一套	

4.6　车间平面布置设计

(1)车间平面布置的基本原则

①应用运筹学和人体工程学的理论，整个平面有利于提高劳动生产率，有利于实现安全生产，有利于减少占地面积；

②设备的布置顺序应与生产工艺流程一致，留出足够的操作、检修位置；

③车间厂房高度应满足工艺设备、起重运输设备及管道等安装、操作和维修的要求；

④车间内设操控工作间、液压控制室、配电间、维修间等辅助生产设施，以及办公室、休息室等其他生活设施；

⑤在考虑车间布置时，必须同时考虑有关建筑方面的问题，应符合建筑标准。在布置图上应画出门、窗及墙，柱子则画出中心线或柱基外形。

(2)车间平面布置的类型

车间布置应充分利用天然通风、采光条件，工作位置要有足够的照明度。厂房最好成“一”字形布置，受地形限制时也可为“L”或“U”字形布置；

中(高)密度纤维板车间基本为单层，可局部多层结构；

辅助车间通常与主车间分开。

(3)纤维板车间平面布置实例

绘制车间平面布置图时主要设备简图和平面布置实例见附录部分。

4.7　附录

4.7.1　年产 10 万 m^3 纤维板生产线典型设备配置

附表 4-1　年产 10 万 m^3 纤维板生产线设备明细表

编号	设备名称	型号或代号	单位	数量
		备料工段		
1	上料皮带运输机	按工艺参数设计	台	1
2	鼓式削片机	BX218D	台	1
3	下料斗	按工艺参数设计	台	1
4	出料皮带运输机	按工艺参数设计	台	1
5	振动筛		台	1
6	倾斜式皮带运输机	按工艺参数设计	台	1
7	斗式提升机	按工艺参数设计	台	1
8	永久磁铁		台	2
9	皮带运输机	按工艺参数设计	台	1
10	木片预热料仓		台	1
11	热磨小料斗	JC34H. 8	台	1
12	热磨机 1800KW/10KV	M42	台	1
13	排料三通阀	X611	台	1
		配胶施胶工段		
14	石蜡溶化及施加设备	X614D	套	1
15	胶料、固化剂调配设备	X615D	套	1
16	胶料、固化剂喷施设备	X616D	套	1
17	纤维干燥机(主机)		台	1
18	纤维干燥机(风管)	按工艺参数设计	套	1
19	纤维干燥机(分离器)	按工艺参数设计	台	2
20	纤维干燥机(转阀)		台	2
21	螺旋运输机	按工艺参数设计	台	1
		铺装热压工段		
22	纤维料仓	SL927	台	1
23	纤维铺装成型机	SL928	台	1
24	成型带式运输机	SL929	台	1
25	板坯计量称		台	1
26	含水率测定仪		台	1
27	连续式预压机	JC830	台	1
28	同步运输机	SB8	台	1
29	板坯齐边锯	SC15	台	1
30	板坯横截锯	SL21	台	1
31	一号加速皮带运输机	SL634D	台	1
32	废板坯回收装置	X637A	台	1
33	二号加速皮带运输机	SL635B	台	1
34	三号加速皮带运输机	SL636B	台	2
35	装板运输机	JX637	台	1
36	板坯运输机	JX638	台	3

（续）

编号	设备名称	型号或代号	单位	数量
37	小车式装板机	JC254N	台	1
38	热压机	Y147	台	1
39	热压机组液压系统		套	1
40	卸板机	JC256N	台	1
41	出板运输机	JC257	台	1
42	冷却进板运输机	JC258	台	1
43	翻板冷却机	JC647/90	台	1
44	冷却出板运输机	JC258	台	1
45	板垛对中机	SL866A	台	1
46	液压升降台	SL867C	台	1
47	叉车辊台	SL866C	台	1
48	铺装、预压、板坯横截除尘系统	按工艺参数设计	套	1
49	铺装扫平纤维气力回收系统	按工艺参数设计	套	1
50	板坯齐边纤维气力回收系统	按工艺参数设计	套	1
51	废板坯气力输送系统	按工艺参数设计	套	1
	后处理工段和电器控制			
52	锯边机除尘装置(风机除尘器等)	按工艺参数设计		1
53	推板机	B113	台	1
54	辊式叉车辊台	SL868C	台	1
55	辊式液压升降台	SL867C	台	1
56	纵向进料辊台	B114	台	1
57	二砂架宽带砂光机		台	1
58	纵向出料辊台	B114	台	1
59	四砂架宽带砂光机		台	1
60	纵向出料辊台	B114	台	1
61	纵锯进板运输机	SL861	台	1
62	纵向锯边机	SL862D	台	1
63	纵锯出板运输机	SL863	台	1
64	横锯进板运输机	SL864	台	1
65	横向锯边机	SL865D	台	1
66	堆垛机	SL866	台	1
67	液压升降台	SL867	台	1
68	叉车辊台	SL868	台	1
69	砂光线电气控制系统		台	1
70	备料工段电气控制系统		套	1
71	热磨电气控制系统		套	1
72	干燥电气控制系统		套	1
73	主生产线电气控制系统		套	1

4.7.2 主要设备外形图

部分与刨花板生产相同设备的外形图请参考 3.7.2 部分。

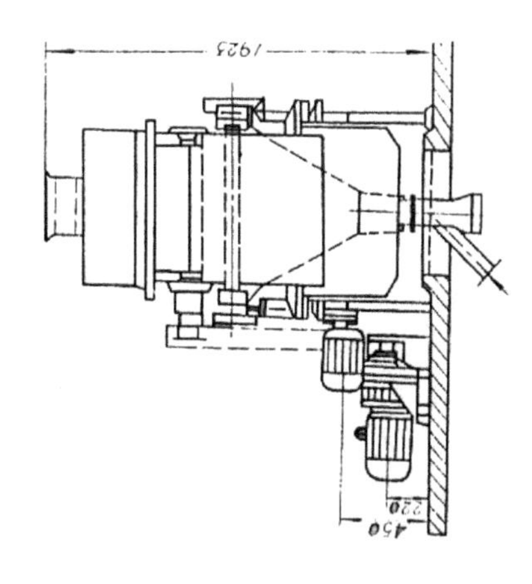
1923
220
450

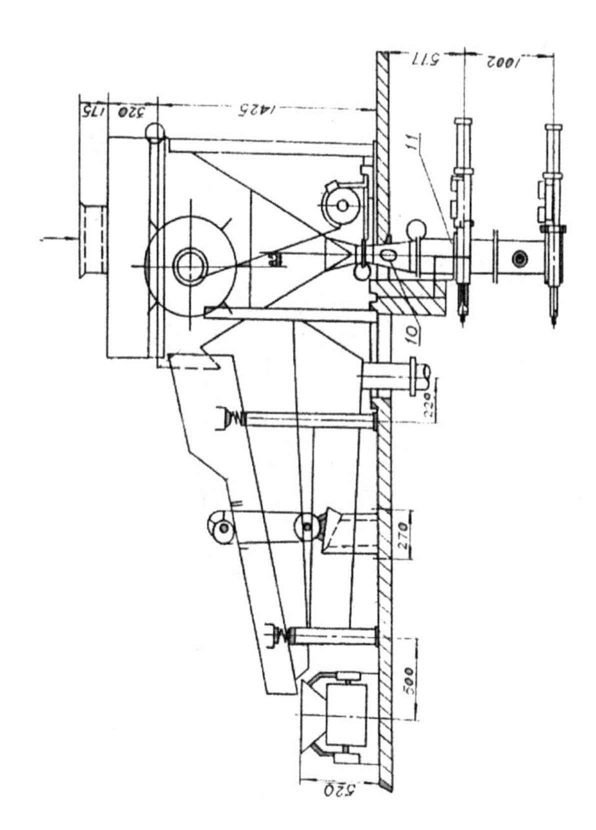
175
320
1425
511
1002
11
10
220
270
500
520

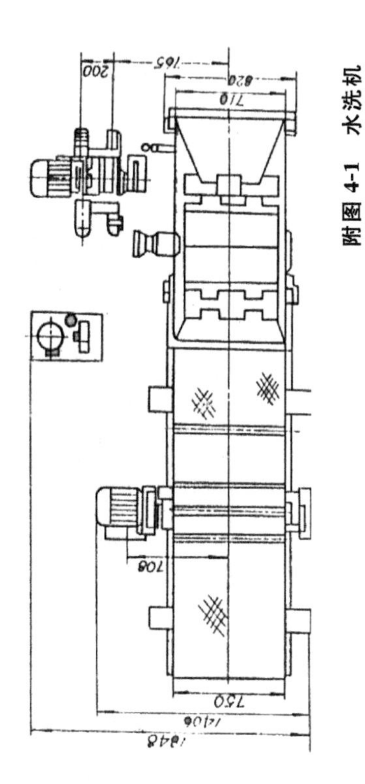
200
765
820
710
708
750
1406
1648

附图 4-1　水洗机

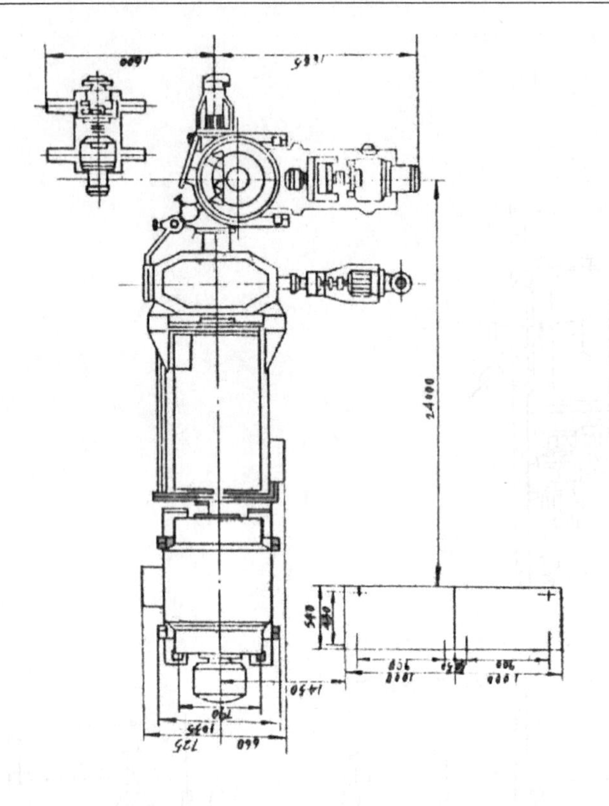

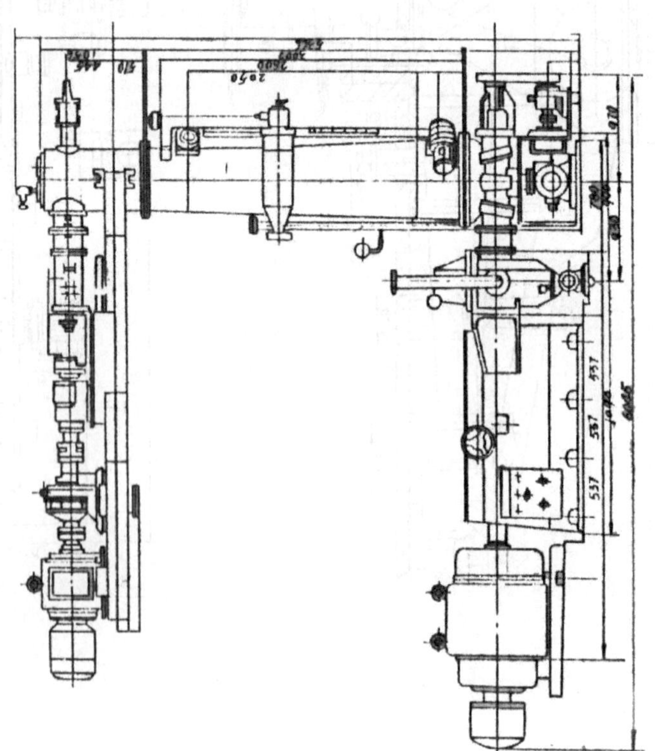

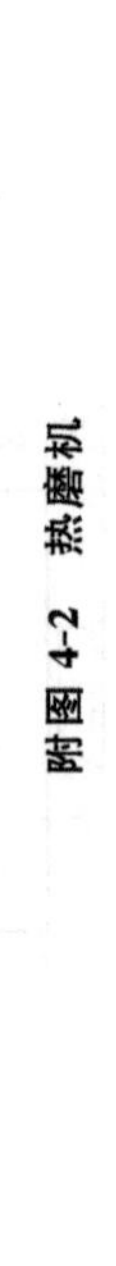

附图 4-2　热磨机

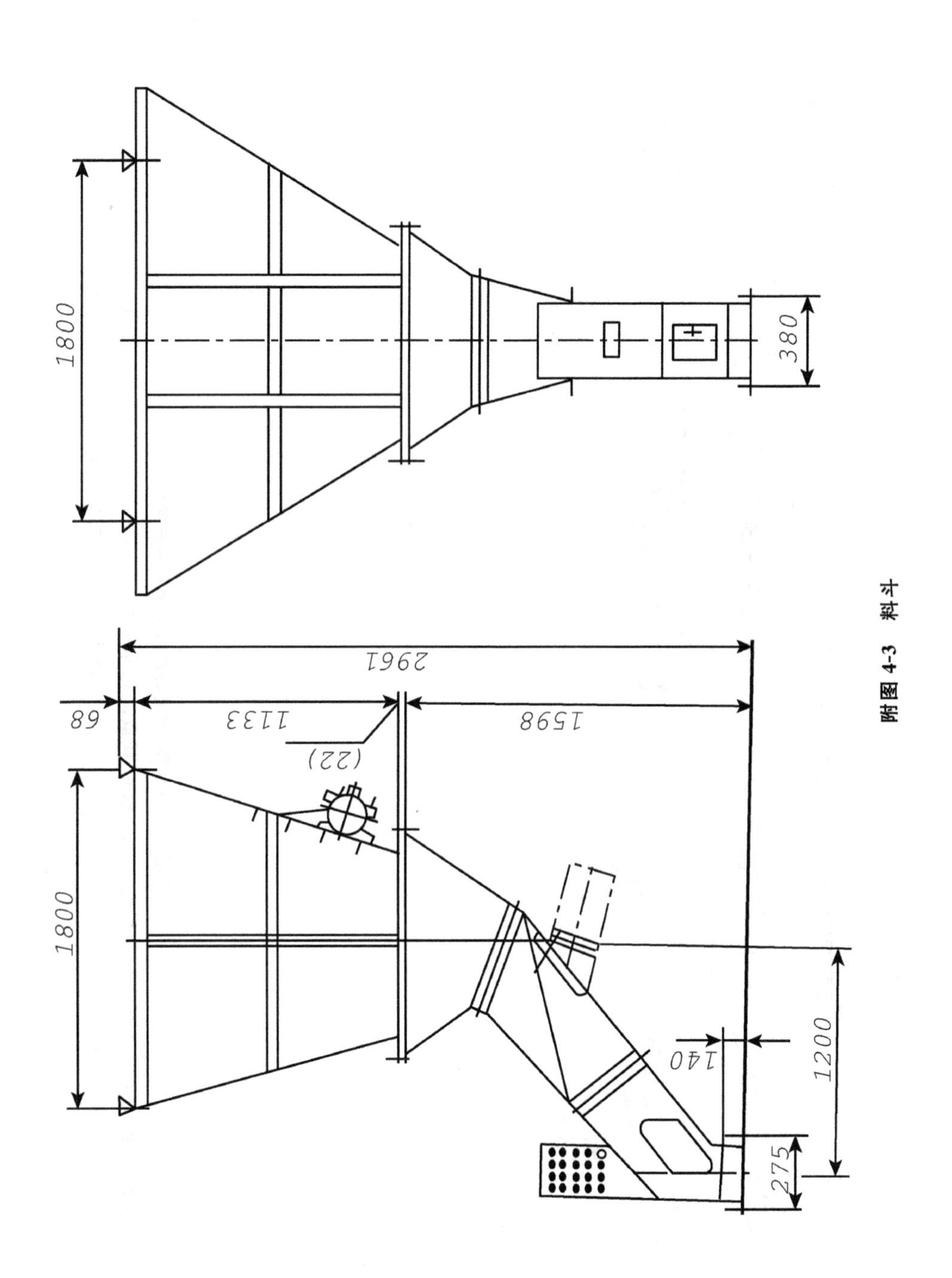

附图 4-3　料斗

4.7.3 车间平面布置图实例

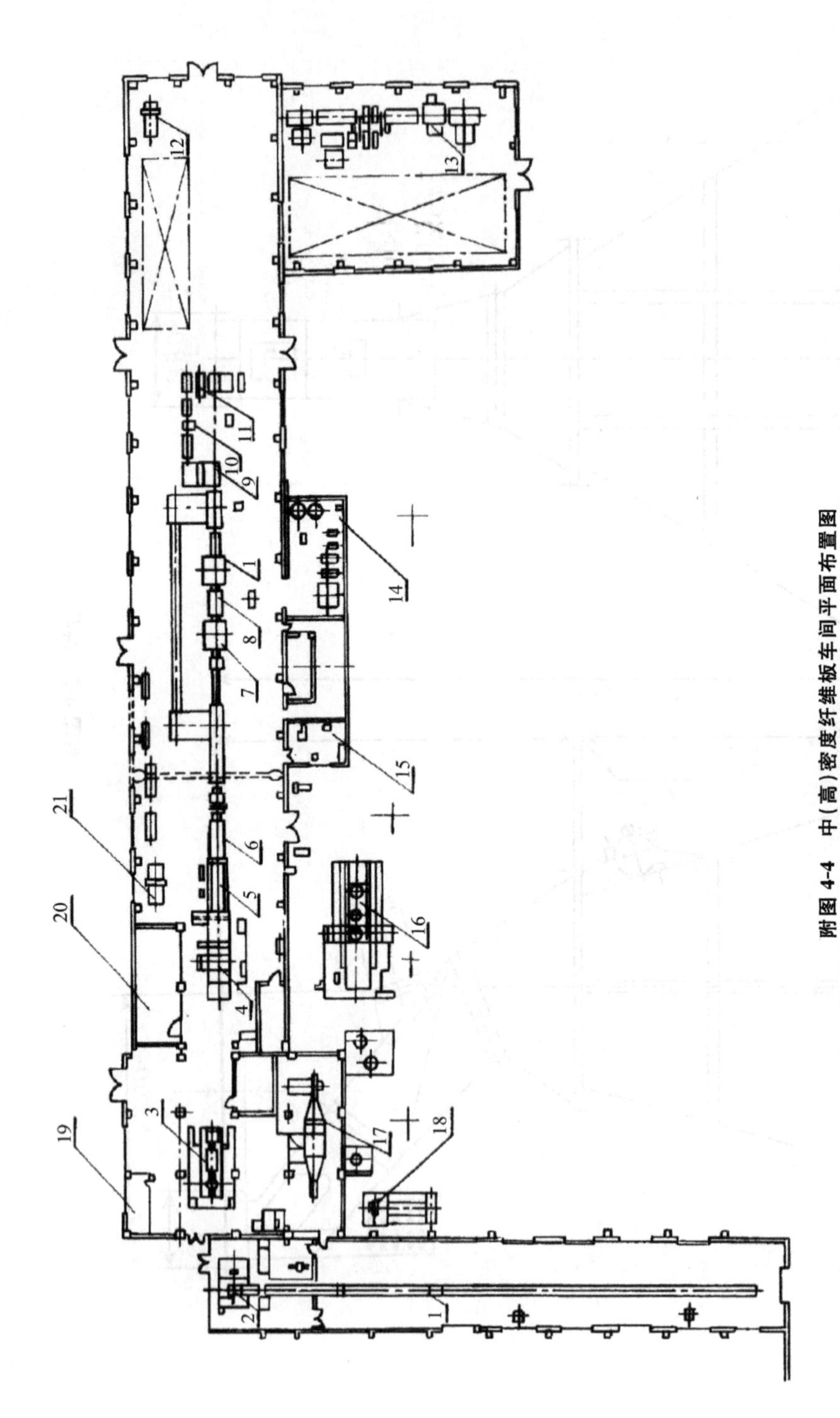

附图 4-4 中(高)密度纤维板车间平面布置图

1. 皮带运输机 2. 削片机 3. 热磨机 4. 成型机 5. 预压机 6. 横截锯 7. 装卸板机 8. 热压机 9. 冷却机 10. 纵向锯 11. 横向锯 12. 特种锯 13. 宽带砂光机 14. 油泵总成 15. 半成品检验 16. 干纤维料仓 17. 纤维干燥 18. 木片风送 19. 中间贮仓 20. 热力站 21. 垫板抛光

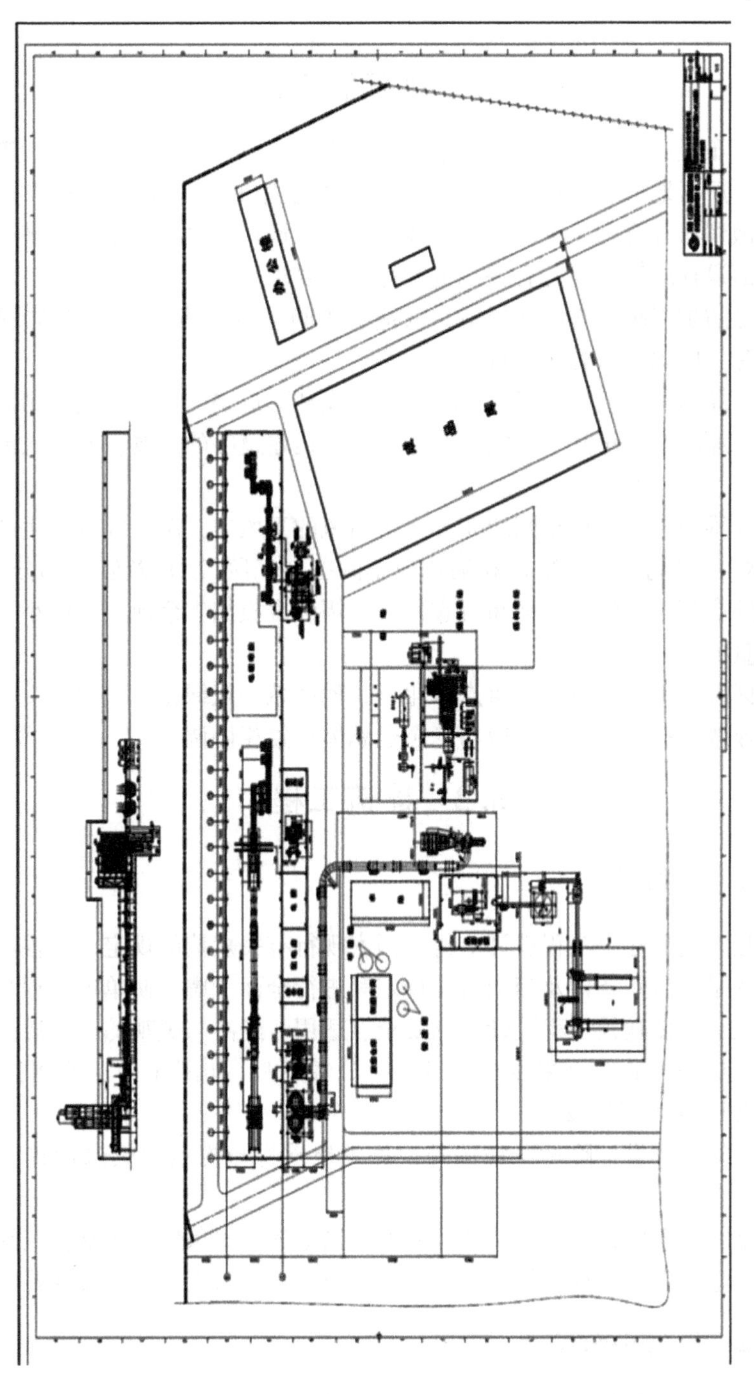

附图 4-5　中(高)密度纤维板车间工艺布置图 1

第5章　辅助工程设计

5.1　总平面设计

总平面布置应根据生产工艺、运输、防火、环境保护、卫生和生活等方面的要求，结合厂区地形、地质及气象等条件，对主车间及其附属车间进行统筹安排，力求做到布置合理、工艺流畅、线路短捷、运行方便、安全、经济可靠。

总平面设计应符合现行有关规范和标准的要求。

在满足防护间距要求的前提下，人造板车间应尽可能与原木楞场或贮料场、仓库、热源、电源、水源相靠近。

车间、原木楞场或贮料场和仓库周围应设环形道路，道路一般采用混凝土或沥青路面。原料堆场车间、车间至仓库应保证运输道路的流畅，避免人流、货流的干扰。

干法纤维板和刨花板车间应布置在生活风的下风向，湿法纤维板生产应充分考虑“废水”处理场地。纤维板和刨花板车间备料工段(削片及刨片部分)应远离居住区。胶合板生产的总平面布置宜留有小幅胶合板加工余地，一般小板产量可按年生产量的10%-20%计。

厂前区及主干道两侧进行重点绿化，其他区域一般绿化。

老企业改、扩建车间时，应与老企业总体布置相协调。

5.2　建筑工程

5.2.1　一般规定

人造板车间的建筑工程设计应遵守国家现行有关规范的规定，并根据生产规模、工艺水平、自然条件及当地特殊规定等进行全面考虑，使单项工程与总体规划协调一致，并使建筑工程设计达到安全、适用、经济与美观的全面质量标准。

生产厂房的形式，可采用分散式——分幢厂房(如图5-1)，亦可采用集中式——联合厂房(如图5-2)。

厂区建筑工程设计除特殊情况外，各类建筑物与构筑物应执行建筑统一模数制。

厂房结构选型应根据生产特征，并考虑当地的施工条件与建材供应等因素。

进行人造板生产工程建筑结构设计时，应遵守国家现行的有关规范的规定。

5.2.2　厂房平面设计

建筑设计一般都从平面设计入手，因它最能反映建筑在使用上的功能关系和结构布置的合理性，起主导作用。

图 5-1　分散式厂房

图 5-2　集中式厂房

5.2.2.1　平面形式的选择

影响厂房平面形式的因素很多，主要的有：生产规模的大小；车间生产性质和工艺生产线的布置；运输形式、采光、通风、卫生和防火要求；场地条件；车间辅助工段以及建筑处理，结构选型等。一般来说，生产规模影响平面的形式，在满足生产条件、运输路线、劳动作业环境和动力管道布置等要求的前提下，力求面积经济、形式简单。

平面形式选择时，还涉及建筑物层数问题。单层厂房具有以下特点：

(1)厂房的面积及柱网尺寸较大；

(2)厂房构架和地面上下的承载能力较大；

(3)内部空间较大，需要开敞；

(4)屋面面积较大，横剖面形式复杂。

多层厂房具有以下特点：

(1)占地面积下，可以节约用地；

(2)外围结构面积小；

(3)屋盖构造简单，施工管理也比单层厂房方便；

(4)柱网小，工艺布置灵活性受到一定限制；

(5)增加了垂直交通设施——电梯和楼梯；

(6)在利用侧面采光的条件下，厂房的宽度受到一定的限制。

究竟是采用单层厂房还是多层厂房，必须根据生产工艺、用地条件、施工技术等具体情况，进行综合比较，才能获得合理的方案。

5.2.2.2 柱网选择

柱网是建筑物中柱的一种布置形式，柱排列成网格形状而称“柱网”。柱网由跨度和柱距两个要素组成。在厂房平面设计中，柱网选择就是确定纵向定位轴线之间(跨度)和横向定位轴线之间(柱距)的尺寸。柱网选择应满足工艺要求，在结构上要经济合理。

人造板车间厂房跨度一般为12、15、18、21、24m，柱距一般为6m。

5.2.3 厂房剖面设计

5.2.3.1 剖面形式的选择

厂房剖面形式主要指厂房横向剖面的形式，它与平面形式有密切关系，要统一解决。根据生产要求，在平面设计的基础上选择合理的剖面形式，以确定厂房的净空轮廓尺寸，合适的天窗及屋面形式。

影响平面形式的因素一般有以下几个方面：生产工艺要求，采光要求，通风要求和屋面排水要求。

5.2.3.2 厂房层数、高度和宽度的确定

厂房层数的确定受到多种因素的制约，主要包括：生产工艺要求，城市规划的要求和层数的技术经济分析。多层厂房一般为2～6层，承重墙式的厂房最好为3～4层，一般宽度(进深)由两个跨度或三个跨度，最多可达6个跨度组成。纵向长度是由许多柱距组成。多层厂房的天然采光只能靠侧窗解决，故厂房宽度不能太大，一般多为12、15、18m，屋顶多用平屋顶双坡排水方式。

图5-3 坡屋顶厂房图

厂房高度和宽度同生产工艺、采光、节能、通风和建筑造价都有密切关系。它不仅应满足工艺要求，还要考虑内部起重运输工具和卫生标准的规定。卫生标准要求，最低高度不小于3.5～4m，每一工人不少于2.5m^3空间和4.5m^2面积。

在不设吊车的单层厂房中，厂房的高度，一般按最大生产设备安装，检修时所需要的高度，同时考虑采光、通风的需要来确定。一般来说，为减少单层装配式厂房柱子的规格种类，可采用下述高度：(1)吊车起吊重量为5T或10T，且厂房高度不大于8m，高度可取6m或8m；(2)没有悬挂或梁式吊车，层高可取5m或6m。无吊车时，单坡或双坡外排水的厂房可用4m或5m高度，对于多坡内排水的厂房可采用5m或6m。

多层厂房的层高一般在 3.9 ~ 6.0m 之间，当有吊车时，还需要适当提高。根据厂房建筑统一化规定，厂房各楼层、地面上表面间的层高应采用扩大模数 3M 系列，一般采用 3.9、4.2、4.5、4.8m 等，在 4.8m 以上宜采用 5.4、6.0、6.6 和 7.2m 等 M 数列。但在同一幢厂房中，楼层高度不宜超过两种，以免增加结构类型。

厂房宽度一般在 18 ~ 36m 之间，大于 36m 的宽度由于受天然采光的制约，采用的尚少。

5.2.4　厂房结构形式的选择

厂房结构是厂房的骨架，它与工艺布置、建筑处理及室内观感有着密切的联系。厂房结构选型是否恰当，将影响厂房的坚固适用、建设速度和基建投资，也将影响厂房的立面造型。

厂房结构一般可分为砖木结构、砖石钢筋混凝土混合结构和钢结构等。人造板主厂房一般为砖石钢筋混凝土混合结构，大跨度可采用钢结构。

5.2.5　辅助生产和生活用房布置

人造板辅助生产用房有：变配电间、机修间、磨刀间、备品及材料间、调胶间、化验室、控制室、空压站、蓄压站、热油炉等。

生活用房有：更衣室、卫生间、休息(吸烟)室、淋浴室、值班室、办公室、会议室等。

主厂房应在适当的位置集中设置辅助生产和生活用房，必要时亦可分散于各工段布置。

生活用房的组成是以生产工艺的卫生特征为依据，依照国家制定的《工业企业设计卫生标准 GBZ1-2010》确定。生活用房的设置于设计方法和民用建筑中同类房间有很多相似之处，只是具体人数和使用上有差别。卫生间、浴室均按车间最大班工人总数的 93% 计算。

5.2.6　采光设计

天然采光的任务是充分利用天然光能来创造经济合理的采光条件，满足使用要求。天然采光设计的质量包括：合理的采光强度，均匀的照度，正确的投光方向以及避免曝光等。

工业建筑按采光要求分为 5 级。一般木材加工工厂的采光等级属Ⅲ级(中等精确工作，识别对象的最小尺寸 1 ~ 10mm，天然照明系数或采光系数标准值 2% ~3%)。初步设计时可按采光口的总透明面积与室内地面面积之比值 1/6 ~ 1/8，估算其窗洞面积。

天然采光质量主要考虑均匀的照度(指车间计算剖面上采光系数最小值和平均值之比)。当采光顶部采光时，Ⅰ ~ Ⅳ级视觉工作不少于 0.7。对侧窗采光不做规定，因其难以满足均匀度要求。

在侧窗采光设计中，应注意使窗台高度与工作的高度相适应，避免在工作面上出现大片阴影，但为避免操作碰坏玻璃，窗台一般比工作面高度100～200mm。窗口上沿应尽量提高或设置高侧窗以改善跨度中部光线不足的现象。在每天采光时，侧窗口上沿板高不应小于其照明的跨中至外墙的一半。有吊车的厂房外墙上部侧窗要注意避免吊车梁的遮挡面而影响采光。此外，在平面设计中适当减少窗间墙宽度，可减少由于窗间墙而产生的阴影区。

5.3 公用工程

5.3.1 给排水

5.3.1.1 水质要求

木材工业工厂中水的用途可分为：一般生产用水、特殊生产用水、冷却用水、生活用水和消防用水等。不同的用途，对水质有不同的要求。一般生产用水和生活用水的水质要求应符合生活饮用水标准；特殊用水，一般需经过工厂自设的水质再处理系统进行处理；冷却用水理论上水质要求可以低于生活饮用水标准。

水源的选择应根据当地的具体情况进行技术经济比较后确定。各种水源的优缺点比较见表5-1。

表5-1 各种水源的优缺点比较

水源类别	优点	缺点
自来水	技术简单，一次性能投资不大，上马快，水质可靠	水价较高，日常费用大
地下水	可就地直接取用，水质稳定，且不易受外部污染；水温低，且基本稳定；一次性投资不大，日常费用小	水中矿物质和硬度可能过高，甚至有某种有害物质；抽取地下水会引起地面沉降
地面水	水中溶解物少，日常费用低	净水系统技术管理复杂，构筑物多，一次性投资大，水质、水温随季节变化大

5.3.1.2 水网系统

(1)给水系统

自来水给水系统：自来水排水系统来自自来水公司提供水源，由于管道压力存在路程损失，一般需要加装水压增压系统和贮水系统。

地下水给水系统：用量大的企业，应根据建厂条件，在厂区范围内设立深水井给水系统，并根据对水质要求进行适当的处理。

地面水给水系统：地面水是指企业从江河湖泊中取水，供给企业生产使用。一般江湖水有漂流物质，首先需要进行过滤和初步沉淀，然后进入水处理系统，最后送入供水系统。

(2)配水系统

水塔以下的给水系统统称为配水系统。小型工厂的配水系统一般采用枝状管网。大中型工厂的生产车间进水管往往分几路接入，并多采用环状管网，以确保供水正常。

(3)冷却水循环系统

木材加工厂的压机油路冷却、热磨机冷却、热水泵冷却、拌胶机冷却、制胶系统冷却等需要大量的冷却水。为减少全场总用水量，常设置冷却水循环系统和冷却水降温制冷系统。

(4)排水系统

木材加工厂的排水量普遍较大，主要包括生产废水、生活污水和雨水。生产废水和生活污水，根据国家环境保护法，须经过处理达到排放标准后才能排放。生产废水和生活污水的排放量可按生产和生活最大小时排水量的 85% ~90% 计算。

(5)消防系统

木材加工厂的建筑物耐火等级较高。因此，工厂的消防给水宜与生产、生活给水管合并，室外消防给水管网应为环状管网，水量按 15L/s 考虑，水压应保证当用水量达到最大且水枪布置在任何建筑物的最高处时，水枪充实，水柱仍不小于 7m。

5.3.2 供电系统

5.3.2.1 配电的原则要求

工厂供配电要保证工业生产的正常运行和生活用电需求，工厂供配电必须按照国家标准 GB50052 - 1995《供配电系统设计规范》、GB50053 - 1994《10kV 及以下设计规范》、GB50054 - 1995《低压配电设计规范》等的规定。进行工厂供电设计必须遵循以下原则：①遵守规程、执行政策；②安全可靠、先进合理；③近期为主、考虑发展；④全局出发、统筹兼顾。

5.3.2.2 工厂配电系统

工厂配电系统是指从工厂所需电力电源线路进厂起，到厂内高低压用电设备输入端止的整个供配电系统。它包括厂内变配电所和所有高低压供配电线路。

工厂变电所将电力系统供给的高压电能，经变压器降压，变为通电设备所需要的较低电压的电能，然后经配电装置和配电线路送至各车间。工厂中的变电所属降压变电所，降压变电所分为总降压变电所和车间变电所。

5.3.2.3 工厂电力负荷

电力负荷(即电能用户)又称电力负载，它是指用电单位或电气设备所耗用的电功率或电流。工厂的电力负荷，按用户电力负荷的重要性及对其供电连续性和可靠性程度的不同，一般将电力负荷分成三级：一级负荷、二级负荷、三级负荷。

5.3.2.4　工厂变配电所

变电所担负着从电力系统接受电能、变换电压和分配电能的任务，而配电所担负着从电力系统接受电能，然后直接分配电能的任务。变配电所是工厂供电系统的枢纽，在工厂中占有重要地位。变配电所位置的确定和选择，应根据各方面要求进行综合考虑确定。

5.3.3　供热

5.3.3.1　锅炉供汽

(1)木材加工工厂的要求

木材工厂使用蒸汽的部门主要有生产车间(包括干燥、热磨、热压)和辅助生产车间(如制胶、浴室、食堂等)。

(2)锅炉的选择与锅炉房的布置

木材工厂一般采用沸腾炉、链排炉和煤粉炉，工厂选用锅炉的炉型应结合锅炉与燃料的特性，按照高效、节能、操作和维修方便等原则进行确定。

锅炉房应为独立的建筑物，不宜和生产厂房或宿舍连接在一起。在总体布置上，锅炉房不宜在厂区或主干道旁，以免影响厂容。具体要满足以下要求：

①应设在生产车间污染系数最小的上侧或全年主导风向的下风向；

②尽可能靠近用汽负荷中心；

③有足够煤和灰渣堆场；

④与相邻建筑物的间距应符合防火规程安全和卫生标准；

⑤锅炉房的朝向应考虑通风、采光、防晒等方面要求。

(3)锅炉的给水处理

锅炉属于特殊的压力容器。水在锅炉中受热蒸发成蒸汽，原水中的矿物质则留在锅炉中形成水垢。当水垢严重时，不仅影响到锅炉的热效率，而且将严重影响到锅炉的安全运行。因此，一般自来水达不到要求，需要因地制宜地进行软化处理。

5.3.3.2　能源工厂供热

人造板企业，不可避免地伴有大量的木粉、锯屑等木质废料。企业的热能中心能充分利用人造板生产过程中产生的剩余物，将废料转化为工厂所需要的各种热能，可节省大量燃煤，降低生产成本，有利于环境保护，是一套高效、节能、环保的热能供给设备。

5.3.4　采暖、通风及照明

5.3.4.1　采暖

(1)采暖标准

按照国家规定，凡日平均气温≤5℃的天数历年平均为90天以上的地区应该集中采暖。我国日平均温度≤5℃的天数为90天的等温线大体是以淮河为界。

(2)采暖方式

木材工业工厂的采暖方式有热风采暖和散热器采暖等，采暖方式按车间单元体积大小确定，当单元体积大于3000 ㎡，多采用热风采暖，在单元体积较小的场合，多采用散热器采暖方式。

5.3.4.2　通风与空调

(1)自然通风

为节约能耗和减少噪声，应尽可能优先考虑自然通风。

(2)人工通风

让自然通风达不到应有的要求时，应采用人工通风。

(3)空调的局部使用

空调在木材工业工厂中只是局部使用，除办公室采用空调外，有条件的企业可以在控制室设空调，调胶系统设空调有效延长胶液的活性期，另外三聚氰胺浸渍纸的保存需要设计空调库。

5.3.4.3　工业照明设计

工业照明目的是提升生产效率，提高安全度，增加工作环境的舒适度。木工车间的工作空间应有良好的照度，白天采用天然照明时应避免太阳光直射到工作台，照明度不足时应增加局部照明。其照明设计应贯彻执行国家法律、法规和技术经济政策，符合建筑功能，有利于保护视力、提高产品质量和劳动生产率等生产要求，做到技术先进、经济合理、使用安全、维修方便，实施绿色照明。除此之外，尚应符合现行国有标准和规范要求。

5.4　防火要求

人造板车间的消防设计应符合《建筑设计防火规范(GB50016-2014)》。

建筑物的防火要求是按其生产的火灾危险性、重要性来确定其耐火等级的。人造板车间一般属丙类生产类别。耐火等级是根据所使用建筑材料的燃烧性质和耐火极限来决定的，耐火等级分为四级。一般来说，一级耐火等级的建筑物是混凝土结构或砖石混凝土混合结构；二级耐火等级建筑物是钢结构层架、柱或砖墙的混合结构；三级耐火等级是木屋顶和砖墙组成的砖木结构；四级耐火等级是木屋顶、难燃烧墙壁组成的可燃结构。

对不同耐火等级和生产类别的厂房层数、防火墙间的最大允许面积见表5-2。

厂房内部一般须设消防给水设施。室内消火栓应能使水柱达到厂房内各部位，一般布置在入口处的内侧或在走道中明显易取的地点，栓口离地面高度为1.1m。室内消防给水系统须布置在适当位置以保证火灾时正常使用。

主厂房内各工段根据生产特征与防火规范标准，设置水幕或防火墙进行分隔。各分隔部分对外一般应有两个以上的出口，其中一个出口应通行运货卡车或叉车，以利原材料及成品的运输或进行设备检修之用。大门应为钢板大门或钢木大门。

表 5-2 厂房的耐火等级、层数和面积

生产类别	耐火等级	最高允许层数	防火墙间最大允许占地面积(m^2)	
			单层厂房	多层厂房
甲	一级 二级	除生产必须采用多层者外，宜采用单层	4000 3000	3000 2000
乙	一级 二级	不限 六层	5000 4000	4000 3000
丙	一级 二级 三级	不限 不限 二层	不限 8000 3000	6000 4000 2000
丁	一、二级 三级 四级	不限 三层 单层	不限 4000 1000	不限 2000 —
戊	一、二级 三级 四级	不限 三层 单层	不限 5000 1500	不限 3000 —

5.5 附录

5.5.1 建筑模数制

模数是选定的标准尺度单位，作为建筑物、建筑构配件、建筑制品及设备等尺寸相互间协调的基础。模数数列是以模数基数为基础而展开的系统数值。模数制是在建筑模数的基础上所指定的一套尺寸协调的标准。

按《建筑模数协调标准(GB/T 50002-2013)》有关规定：把模数尺寸中最基本的数值——基本模数，定为100mm，以M表示。

对单层厂房，平面柱网和剖面高度的要求上，厂房跨度≤18m，应采用扩大30M数列，即9、12、15m等；跨度>18m时，应采用扩大模数60M数列，如24、30、36m等。但工艺布置有明显优越性时，也可采用扩大模数60M数列，如27、33m等。

多层厂房的跨度(进深)应采用扩大模数15M数列，一般等跨式时采用6.0、7.5、9.0、10.5和12.0m，以适应不同工艺流程(附图5-1)。在廊式柱网中，跨度可采用扩模数6M数列，一般采用6.0、6.6和7.2m；走廊的跨度应采用扩大模数3M数列，一般采用2.4、2.7和3.0m(附图5-2)。柱距(开间)应采用扩大模数6M数列，一般采用6.0、6.6和7.2m(附图5-1)。厂房各层楼、地面上表面间的层高应采用扩大模数3M数列，一般采用3.9、4.2、4.5、4.8m等，在4.8m以上宜采用5.4、6.0、6.6和7.2m等6M数列。但是在一幢厂房中，楼层高度不宜超过两种，以免增加构件类型。

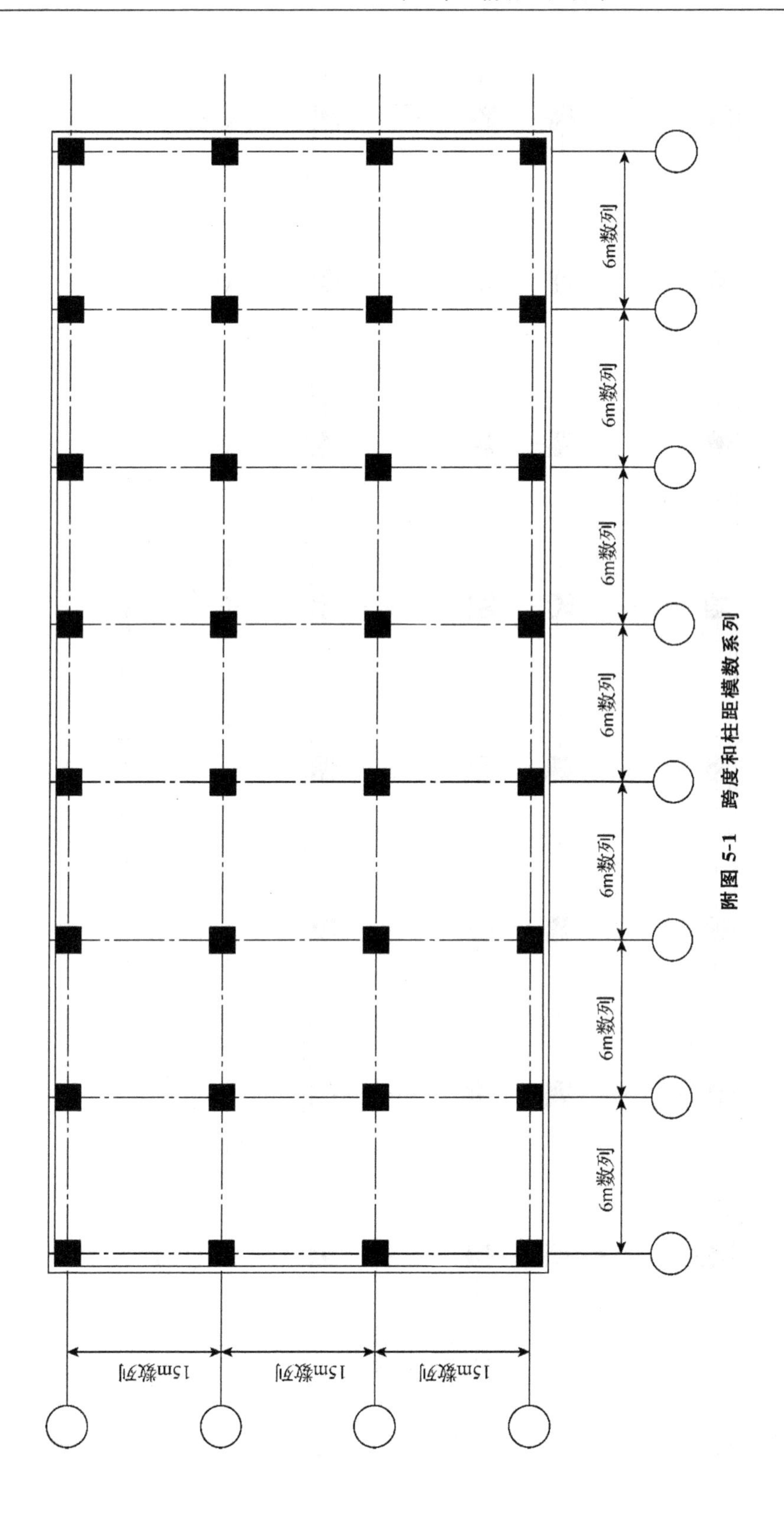

附图 5-1　跨度和柱距模数系列

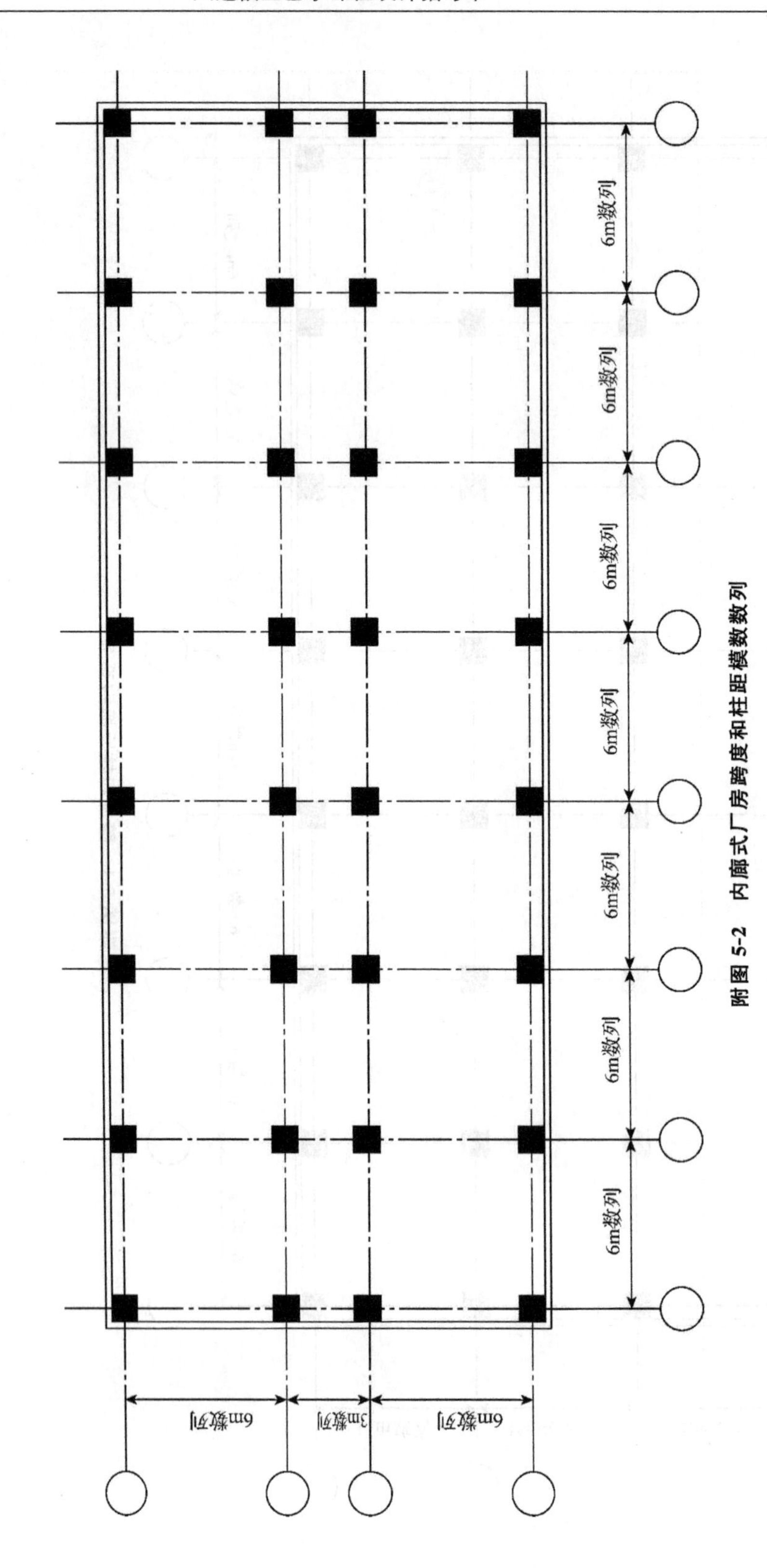

附图 5-2　内廊式厂房跨度和柱距模数数列

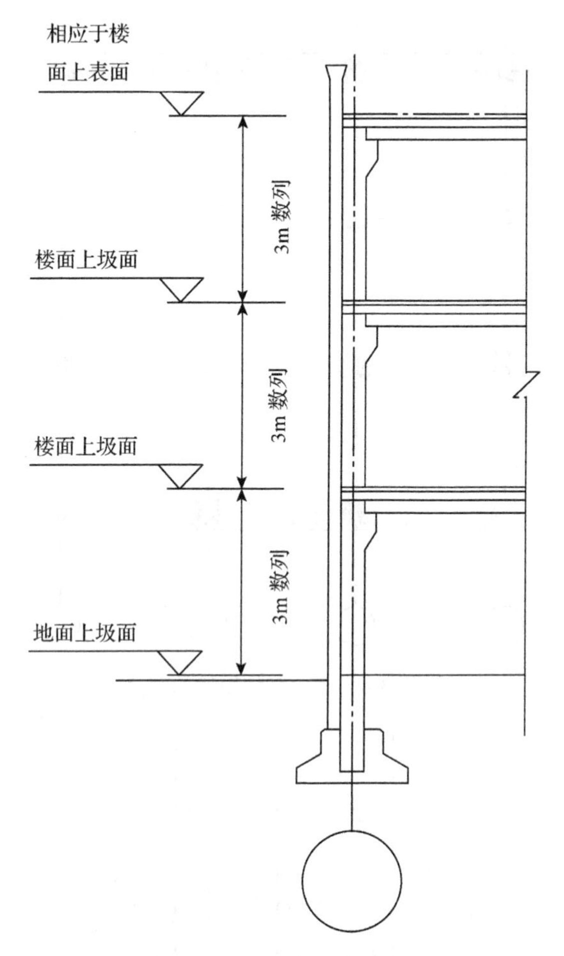

附图 5-3　多层厂房层高模数系列

5.5.2　定位轴线

定位轴线是确定建筑物主要构件的位置及其标志尺寸的基线，也是厂房施工放线和设备安装定位的依据。在划分定位轴线时，应考虑构配件最大限度的互换性和通用性，并尽可能地减少构配件的规格，以简化施工。

任何一幢厂房都由纵向和横向两组定位轴线定位。通常，我们指与厂房长轴平行的轴线叫纵向定位线，而与长轴垂直的轴线则称为横向定位轴线。

5.5.2.1　横向定位轴线

墙、柱与横向定位轴线的联系，应遵守下列规定：

(1)柱的中心线应与横向定位轴线重合(附图 5-4)。

(2)横向伸缩缝或防震缝处应采用加设插入柱的双柱，并设置两条横向定位轴线，柱的中心线应与横向定位轴线相重合(附图 5-5)。伸缩缝处插入距一般可取 900mm，若为防震缝时，则根据实际需要确定。

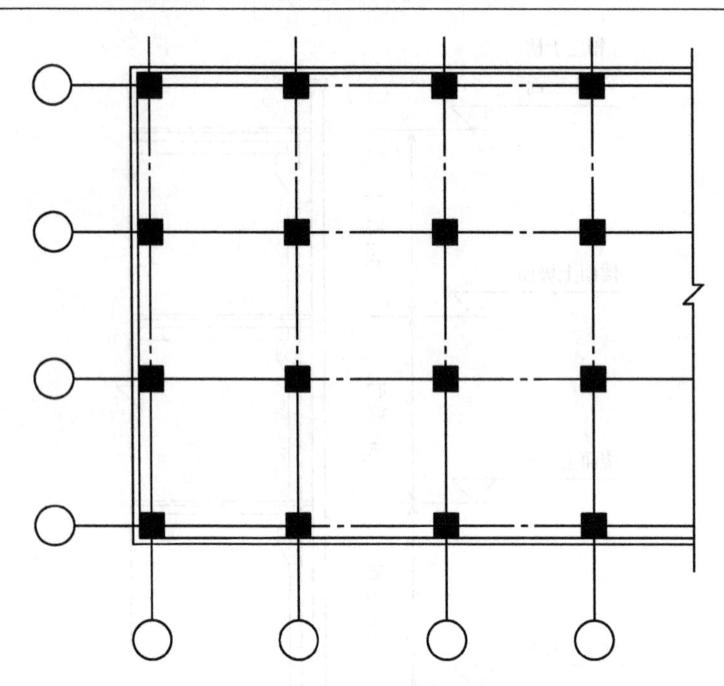

附图 5-4　横向定位轴线的划分

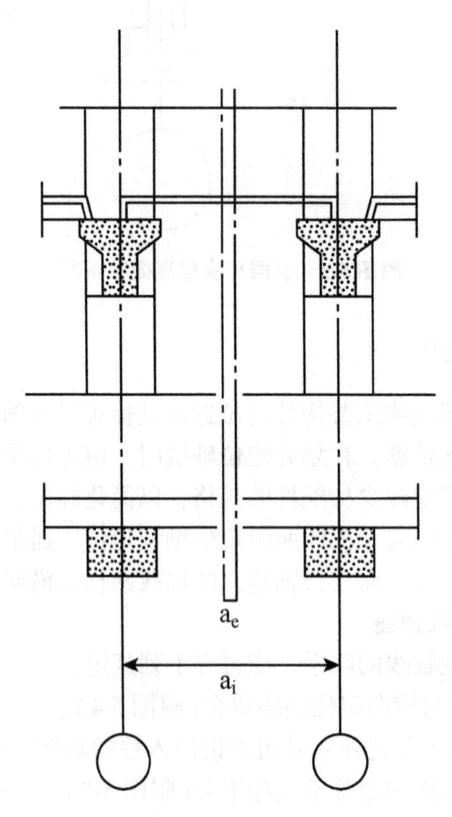

附图 5-5　横向伸缩缝或防震缝图示

(3)内墙为承重砌体时，顶层墙的中心线一般与横向定位轴线相重合。

(4)当山墙为承重外墙时，顶层墙内缘与横向定位轴线间的距离可按砌体块材类别分为半块或半块的倍数或墙体厚度的一半(附图 5-6)。

横向定位轴线在建筑设计时，用带圈的数字按①、②、③……等自左向右进行编号(附图 5-7)。

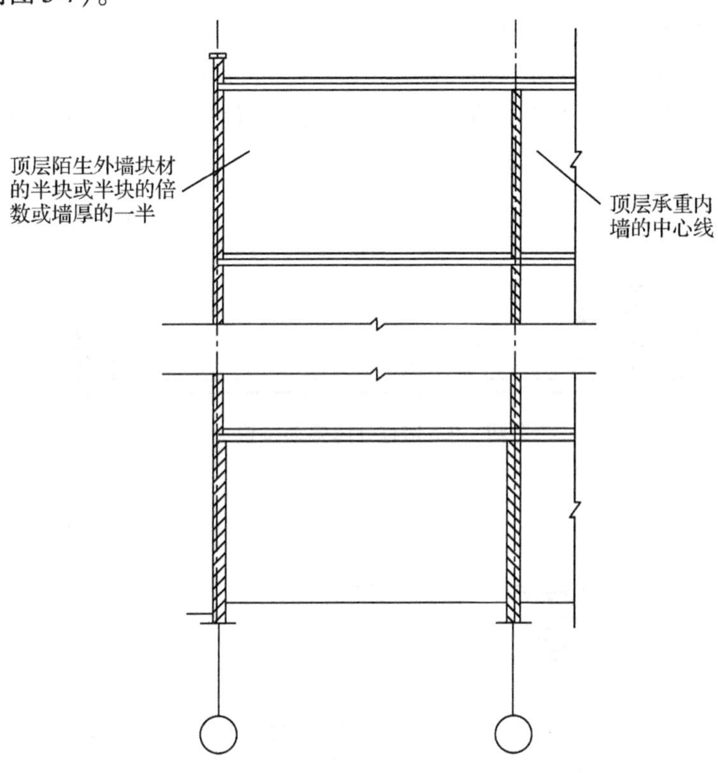

附图 5-6　山墙为承重外墙顶层墙内缘与横向定位轴线的距离

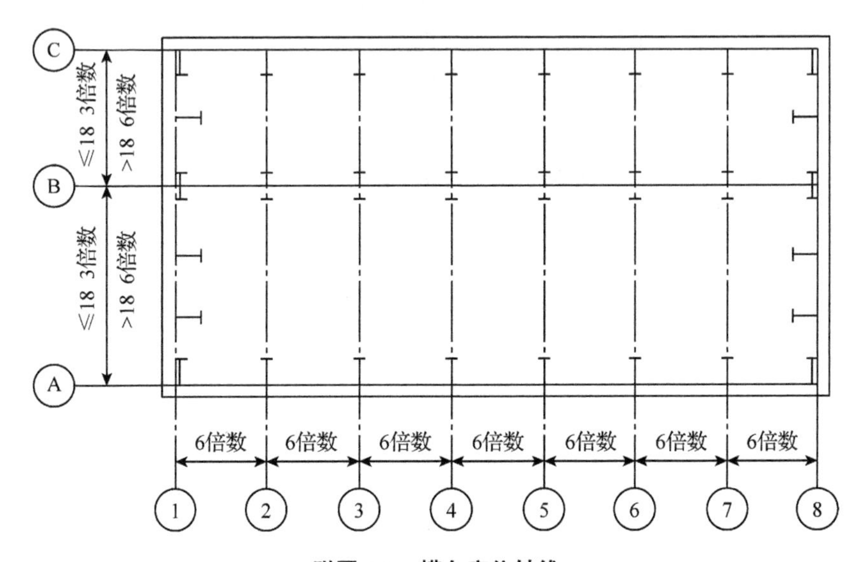

附图 5-7　横向定位轴线

5.5.2.2　纵向定位轴线

墙、柱与纵向定位轴线的联系，应遵守下列规定：

(1)顶层中柱的中心线应与纵向定位轴线相重合。

(2)边柱的外缘在下柱截面高度(h_1)范围内与纵向定位轴线浮动定位(附图 5-8)。

该浮动值可根据具体情况确定，它可以等于 0，即纵向定位轴线与边柱外缘相重合，也可以使边柱的外缘距纵向定位轴线 50mm 或 50mm 的倍数。

(3)有承重壁柱的外墙，墙内缘一般与纵向定位轴线重合，或与纵向定位轴线相距为半块或半块砌材的倍数(附图 5-9)。

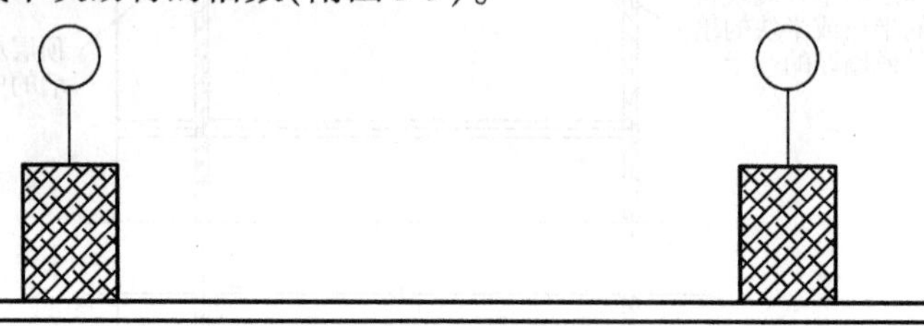

附图 5-8　边柱外缘浮动位置

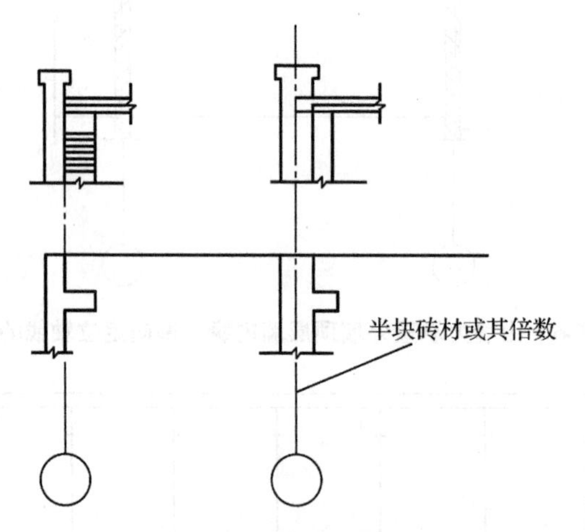

附图 5-9　承重壁柱外墙墙内缘位置